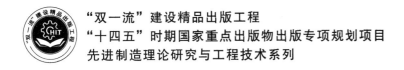

"双一流"建设精品出版工程

"十四五"时期国家重点出版物出版专项规划项目

先进制造理论研究与工程技术系列

轮式机器人设计与控制实践

DESIGN AND CONTROL FOR WHEELED MOBILE ROBOT

葛亚明 高 斌 陈勇飞 编著

U0223159

哈尔滨工业大学出版社

HITP HARBIN INSTITUTE OF TECHNOLOGY PRESS

内 容 简 介

本书从机械结构设计、运动学模型、底盘控制、建模与仿真、机器人操作系统设计与实践等角度介绍轮式机器人。全书共分 8 章,前 5 章着重介绍轮式机器人的结构和运动学分析与控制,后 3 章主要介绍使用机器人操作系统控制轮式机器人的方法及应用实验案例。

本书配有实验案例代码包,读者根据书中提供的关键代码解析,在读懂代码架构的基础上,可以根据需要修改代码并进行实验、实践。本书可作为高等工科院校机械、电气、自动化等专业的实验类教材,也可供从事机器人相关研究的专业人士参考。

图书在版编目(CIP)数据

轮式机器人设计与控制实践/葛亚明,高斌,陈勇飞编著. —哈尔滨:哈尔滨工业大学出版社,2022.8
(先进制造理论研究与工程技术系列)
ISBN 978-7-5767-0033-6

Ⅰ.①轮…　Ⅱ.①葛…　②高…　③陈…　Ⅲ.①移动式机器人-设计 ②移动式机器人-机器人控制　Ⅳ.①TP242

中国版本图书馆 CIP 数据核字(2022)第 105326 号

策划编辑　王桂芝
责任编辑　陈雪巍
出版发行　哈尔滨工业大学出版社
社　　址　哈尔滨市南岗区复华四道街 10 号　邮编 150006
传　　真　0451-86414749
网　　址　http://hitpress.hit.edu.cn
印　　刷　哈尔滨市工大节能印刷厂
开　　本　787 mm×1 092 mm　1/16　印张 11.25　字数 226 千字
版　　次　2022 年 8 月第 1 版　2022 年 8 月第 1 次印刷
书　　号　ISBN 978-7-5767-0033-6
定　　价　32.00 元

前　　言

轮式机器人是一个集环境感知、动态决策和运动规划等于一体的系统,涉及控制理论、人工智能技术、材料学、机械制造技术、多传感器数据融合技术、电子信息与计算机技术、机电一体化及仿生学等多个研究领域。由于轮式机器人具有自重轻、承载大、机构简单、驱动和控制相对方便、行走速度快、机动灵活、工作效率高等优点,因此其应用范围不断扩大,不仅在工业、农业、国防、医疗、服务等行业得到广泛应用,而且在排雷、搜捕、救援、辐射和空间领域等有害与危险场合也得到了很好的应用。

本书介绍了轮式机器人涉及的相关技术,并配有实验案例代码包,旨在让读者了解并学会设计、控制轮式机器人,掌握通过机器人操作系统实现机器人地图构建、导航避障、路径规划的方法。读者可通过书中的软件架构、关键代码解析及相应实验案例,跟着实验学习如何操控机器人,将理论知识应用于实践,并在实践中更好地理解理论知识。本书为轮式机器人方向的设计与研究人员提供了一种思路和方法,包括机械设计、感知与认知、执行控制等。(实验案例代码包下载链接:https://pan.baidu.com/s/1wPE4ip2flHA9WZ5PAV7h1g?pwd=j0jc;提取码:j0jc。)

本书详细分析了轮式机器人的结构,并给出了机械结构设计仿真方法;从运动学角度分析了差分结构、阿克曼结构、全向结构机器人的运动学模型,并分析了机器人的稳定性与工作空间;给出使用STM32控制器控制轮式机器人底盘的方法;在机器人3D建模与仿真方面,创建并优化了机器人URDF模型,在Gazebo下进行了运动仿真;以一款移动机器人为实验对象,对该机器人系统的软硬件架构进行了分析,并通过实验案例给出常用的传感器信息获取与发送方法;给出在ROS环境下对机器人定位与导航的实验案例,并对关键代码进行了解析;最后一章给出一些综合应用实验,可供读者在实际机器人上调试验证。

本书共分8章:

第1章概述移动机器人的发展,国内外移动机器人公司及其产品等,并介绍移动机器人的关键技术以及技术发展情况。

第2章介绍轮式机器人的机械结构设计方法,包括空间构型和三维模型建立,并对机器人本体的一些参数进行分析和计算。

第3章分析轮式机器人运动学模型,重点分析差分驱动轮式机器人的状态和运动学模型,并给出了模型验证实验。

第 4 章介绍使用 STM32 控制器控制机器人底盘的方法,给出 STM32 的软件环境和使用方法,以及电机控制和差速结构协调控制方法。

第 5 章以 Gazebo 为仿真平台,进行轮式机器人建模与仿真,完成 Gazebo 环境配置、3D 仿真模型建立,使用 ROS 在 Gazebo 中进行轮式机器人运动仿真。

第 6 章阐述轮式机器人系统软硬件架构,详细介绍软件系统的构建方法,以及在该软件下传感器消息的获取与发布方法。

第 7 章介绍机器人定位与导航,包括地图构建、路径规划方法等,并给出实验,让读者通过实验去熟悉和理解这些方法。

第 8 章给出一些综合应用实验,包括使用动捕系统作为反馈实现机器人定点控制,使用摄像头识别交通环境中的车道线、红绿灯以及识别二维码等。

在本书的撰写过程中,衷心感谢李明桦、任云帆等同学对本书的实验进行的大量验证。本书的实验大多是在 EAI 科技生产的移动机器人上进行的,感谢该公司对移动机器人硬件结构设计的支持。

由于作者水平有限,书中难免存在疏漏及不足,敬请诸位读者批评指正。

作　者

2022 年 5 月

目　　录

第1章　移动机器人概述

移动机器人技术涉及控制理论、人工智能技术、材料学、机械制造技术、多传感器数据融合技术、电子信息与计算机技术、机电一体化及仿生学等多个研究领域。移动机器人技术处于当前科技研究的前沿,代表着机器人技术的发展方向。随着控制理论、人工智能技术、电子信息与计算机技术、机电一体化等技术的发展,关于移动机器人技术的研究已经发展到了一个崭新的阶段并受到人们越来越多的关注。移动机器人技术是国家工业化与信息化进程中的关键技术和重要推动力,已经广泛应用于农业生产、海洋开发、社会服务、娱乐、交通运输、医疗康复、航天和国防以及宇宙探索等领域。移动机器人不仅在生产、生活中起到很大的作用,而且为研究复杂智能行为的产生、人类思维的探索提供了有效的工具和平台。

1.1　移动机器人简介

1.1.1　移动机器人的发展

移动机器人的研究可以追溯到20世纪60年代,斯坦福大学研究所成功研制一种典型的自主移动机器人Shakey,该机器人装备了电子摄像机、三角测距仪、碰撞传感器及驱动电机,并通过无线通信系统由两台计算机控制,能够在复杂环境下进行对象识别、自主推理、路径规划及控制。当时的计算机运算速度非常缓慢,导致Shakey往往需要数小时的时间来感知、分析环境并规划行动路径。虽然现今Shakey看起来简单而又"笨拙",但在Shakey的实现过程中获得的成果影响了很多后续的研究。

1970年,苏联月球17号宇宙飞船将Lunokhod 1带到了月球,它是第一个可以在地球以外的天体表面自由移动的遥控机器人,也是第一个到达另一个天体的轮式飞行器。虽然Lunokhod 1的设计寿命只有3个月,但它在月球表面运行了11个月(相当于地球上的321天),总行程为10.54 km。

随着机器人技术的发展,到20世纪80年代,公众对机器人的兴趣增加,可以买到家用机器人。这些家用机器人用于娱乐或教育,例如至今仍然存在的RB5X,以及HERO系列。斯坦福大学的斯坦福推车(Stanford Cart)能够导航通过布满障碍物的房间,并绘制环境地图。德国慕尼黑联邦国防军大学制造出了第一辆时速为 55 mi① 的无人驾驶汽车。1983 年,Stevo Bozinovski 和 Mihail Sestakov 用并行编程控制移动机器人。1986 年,Stevo Bozinovski 还使用语音指令控制轮式机器人。1988～1989 年,Stevo Bozinovski 与他的团队使用脑电图信号和 EOG 信号(眨眼检测)控制移动机器人。1989 年,Mark Tilden 发明了光束机器人。人们对移动机器人的兴趣日益增加,越来越多的科研工作者投身于现代移动机器人的研究工作中。

Joseph Engelberger 在移动机器人的历史上发挥了重要作用,他开发了第一个商用的自主移动医院机器人和首个家用自动扫地机器人 Roomba。Intellibot Robotics 公司生产了一系列用于医院、办公楼刷洗和扫地的商用机器人,但最终被 Axxon Robotics 公司收购。2004 年,Mark Tilden 设计的仿生玩具机器人上市。2005 年,波士顿动力公司(Boston Dynamics)发明了四足机器人,用于在崎岖的地形上搬运重物。2006 年,第一个拥有榴弹发射器和其他武器的商用机器人"魔爪之剑"推出。2008 年,波士顿动力公司发布了一段新一代"大狗"的视频,视频中,"大狗"能够在结冰的地面上行走,被侧面踢中后还能恢复平衡。21 世纪初是移动机器人历史上的一个重要时期。

我国从"八五"期间开始进行移动机器人方面的研究,尽管起步较晚,但是发展却很迅速,我国对于一些室外移动机器人的某些关键技术已达到或者接近国际先进水平。国内关于移动机器人的主要研究成果如下:清华大学的 THMR-Ⅲ、THMR-Ⅴ 型智能移动机器人;中国科学院沈阳自动化研究所的自动导引运输车(Automated Guided Vehicle,AGV)和防爆机器人;香港城市大学的自动导航车及服务机器人;哈尔滨工业大学的导游机器人;中国科学院自动化研究所的全方位移动式机器人视觉导航系统;国防科技大学的双足机器人;由南京理工大学、北京理工大学、浙江大学等多所院校联合研究的军用室外移动机器人。此外,北京航空航天大学、北京科技大学、西北工业大学等院校也进行了移动机器人的研究。

1.1.2　国内外移动机器人公司及其产品

1. Mobile Robots 公司

Mobile Robots 公司以斯坦福大学为技术依托,研发的机器人主要面向大学及研究机构,开发出先锋(Pioneer)系列 3 代机器人及面向研究的软件平台系统。该公司同时也是众多自动导引运输车的外包提供方,主要型号包括适合室内运行的 DX 型、具有较强越障能力的 AT 型、配置齐全具有智能化水平的 PeopleBot 型、面向初级教育的 AmigoBot 型和

---

① mi 为英里,1 mi≈1.61 km。

室外全天候的 Seekur 系列。开发至 Pioneer 3 系列机器人时,采用 H8S 作为控制器,具有很快的速度,强大的扩展能力,其车载计算机也升级到 P-Ⅲ。软件方面,ARIA 及 AROS系统较为完善,为用户提供了完备的实验和仿真平台。ARIA 是为 Mobile Robots 开发的、面向对象的、用于机器人控制的应用程序接口系统。该系统基于 C++语言,是一个可以简单、方便地用于先锋系列机器人的运动控制以及传感器操作的客户端软件,具有强大的功能和适应性,是编写机器人高端软件的理想选择,包括 MobileSim 在内的先锋系列机器人基本软件系统都是以 ARIA 为基础的。

2. Adept Technology 公司

Adept Technology 公司成立于 1983 年,前身是 Unimation 公司的西海岸分部。1984年,该公司推出了第一款产品——AdeptOne SCARA 机器人,2009 年时,该产品仍继续在全球范围内使用。2010 年,Adept Technology 公司收购了 Mobile Robots 公司。Adept Technology 公司后来被欧姆龙收购,其 Lynx 平台成为欧姆龙 Adept LD 系列平台。

3. Willow Garage 公司

Willow Garage 公司由传奇程序员 Scott Hassan(他是 Google 最初代码的编写者)创立于 2006 年,是一家机器人研发与孵化公司。该公司开发了机器人开源操作系统软件 ROS(Robot Operating System)、标准机器人 PR2 和 Turtle Bot,为机器人行业做出了巨大贡献,直到 2014 年,该公司关闭了所有业务。现在,ROS 已经被广泛使用,使用范围包括DARPA 机器人挑战赛的救援机器人、Rethink Robotics 公司的 Baxter 机器人、宝马的自动驾驶汽车等。

4. iRobot 公司

iRobot 公司于 1990 年由美国麻省理工学院(MIT)教授罗德尼·布鲁克斯、科林·安格尔和海伦·格雷纳创立,为全球知名 MIT 计算机科学与人工智能实验室通过技术转移及投资成立的机器人产品与技术专业研发公司。iRobot 公司研发各型军用、警用、救难、侦测机器人,轻巧实用,被军方、警方、救难单位广泛应用于各种场合。

5. Mobile Industrial Robots 公司

自 2013 年成立起,丹麦 Mobile Industrial Robots(MIR)公司主要生产室内移动平台,用于仓储智能搬运,旗下现有 MIR100、MIR200、MIR500 等系列产品。MIR 目前在业内知名度较高,在全球也有大量客户,如波音、联合利华、爱立信、霍尼韦尔、达能等。

6. Boston Dynamics 公司

Boston Dynamics 公司是一家美国工程和机器人设计公司,成立于 1992 年,是麻省理工学院的分拆公司,总部位于马萨诸塞州沃尔瑟姆。Boston Dynamics 公司最著名的成果是开发了一系列的动态高移动机器人,包括"大狗"、Spot、Atlas 和 Handle。自 2019 年以来,Spot 已经商业化,这是该公司第一个商业化的机器人,该公司也意图将其他机器人商业化,如 Handle。

7. 北京极智嘉科技有限公司

北京极智嘉科技有限公司(Geek+)是一家快速发展的"机器人互联网+"公司,以智能物流为切入点,利用大数据、云计算和人工智能技术,专注打造极具智能的机器人产品。

8. 上海快仓智能科技有限公司

上海快仓智能科技有限公司(快仓)成立于 2014 年,作为全球第二大的智能仓储机器人系统解决方案的提供商,快仓致力于通过"人工智能+机器人"的核心技术,打造下一代智能机器人及机器人集群操作系统,让智能机器人成为智能制造、智能物流的基础设施,实现"四面墙内智能驾驶,让人类不再搬运"的伟大愿景。

9. 杭州海康机器人技术有限公司

杭州海康机器人技术有限公司依托在安防领域的技术积累,开发出"阡陌"智能仓储机器人、智能搬运机器人、智能分拣机器人与智能泊车机器人。"阡陌"智能机器人系统主要应用于仓储与厂内物流两大类应用场合。

10. 上海仙知机器人科技有限公司

上海仙知机器人科技有限公司是一家以移动机器人的研发与制造为核心的创新创业公司。该公司致力于为市场提供高精度、稳定且易用的移动机器人技术、产品与解决方案。目前,该公司研发的基于激光雷达引导的移动机器人平台的场景化应用解决方案及产品已在工业制造、物流仓储、商用服务、安防巡检、科研教育等多个行业领域得到广泛应用。

11. 科沃斯机器人科技有限公司

科沃斯机器人科技有限公司创立于 1998 年,总部位于苏州,是全球家庭服务机器人品牌。科沃斯的主要产品有地面清洁机器人"地宝"、擦窗机器人"窗宝"、空气净化器"沁宝"和智能管家机器人"亲宝"。

12. 其他机器人公司

(1)仓储物流类公司。使用机器人搬运货物,降低人力成本,提高效率。主流方案是二维码导航。目前,国内成熟的公司有极智嘉(北京)、海康威视(杭州)、旷视机器人(北京)、京东(北京)等。

(2)末端配送类公司。使用机器人完成"最后一公里"的配送。主流方案是采用自动驾驶的技术栈——3D 激光导航。各大配送公司都在做,但是一直没有落地,主要的公司有新石器(武汉)、美团(北京)、京东(北京)、饿了么(上海)等。

(3)厂区物流类公司。在制造业中用机器人代替工人进行货物搬运。早些年是以磁轨导航 AGV 为主,从 2019 年开始逐步被激光导航的机器人所取代。这方面的厂家有仙知(上海)、斯坦德(广州)、驭势科技(北京/上海)等。

(4)服务机器人类公司。服务机器人在医院、商场等公共场所应用越来越广泛,特别是消杀机器人,但总体来说,只是能够减轻人的工作负担,并没有办法完全替代人。这方面的公司有面向酒店服务的云迹科技(北京),面向商场服务的猎户星空(北京),室外扫地机器人仙知(上海)、智行者(北京),室内扫地机器人石头科技(北京)、追觅科技(苏州)。

1.1.3　移动机器人的分类

移动机器人可以从不同的角度进行分类,按工作环境可分为室内移动机器人和室外移动机器人;按移动方式可分为轮式移动机器人、步行移动机器人、蛇形机器人、履带式移动机器人和爬行机器人等;按控制体系结构可分为功能式(水平式)结构机器人、行为式(垂直式)结构机器人和混合式机器人;按功能和用途可分为医疗机器人、军用机器人、助残机器人和清洁机器人等;按作业空间可分为陆地移动机器人、水下机器人、无人飞机和空间机器人。

1.1.4　移动机器人的组成与特点

移动机器人具有像人一样的感知能力,可以识别、推理和判断,可以根据外界条件的变化,在一定范围内自行修改程序,从而完成所给定的任务。移动机器人由以下几个主要部分组成。

(1)中央控制器。中央控制器类似于人的大脑,有计算和决策能力,可以进行路径规划和动态避障。目前主流的路径规划算法有 A^*(A-Star)算法、D^*(D-Star,又称 Dijkstra)算法,通过对地图的网格像素点进行计算,动态寻找最短路径。

(2)传感器。传感器类似于人的五官,包括激光雷达、声呐、红外、触碰等。近年来,实时定位与地图构建(Simultaneous Localization and Mapping,SLAM)技术从理论研究到实际应用的发展十分迅速,这种在确定自身位置的同时构造环境模型的方法,可用来解决机器人定位导航问题。其中,激光 SLAM 技术利用激光雷达作为传感器,获取地图数据,使机器人实现同步定位与地图构建,这是目前最稳定、最可靠、高性能的 SLAM 导航方式。

(3)驱动底盘。驱动底盘类似于人的四肢,通过双轮差速或多轮全向,响应中央控制器发送的速度消息,实时调节移动速度与运行方向,灵活转向以精确到达目标点。

1.2　移动机器人的关键技术

1.2.1　移动机器人导航技术

移动机器人导航即机器人通过传感器感知环境与自身状态,实现在有障碍物的环境中面向目标的自主运动。目前,移动机器人导航技术已经取得了很好的研究成果。计算机技术、电子技术、通信技术、传感器技术、控制技术、网络技术等技术的迅猛发展必将推动和促进移动机器人导航技术取得更多的研究成果。目前,移动机器人的主要导航方式为全球定位系统(Global Position System,GPS)导航、激光导航、视觉导航、磁导航和惯性导航,这几类技术的原理和应用场景各有不同。

(1)全球定位系统导航。GPS 提供轨迹参数来估计当前时刻的移动机器人的运动状态,包括位置、速度和加速度等信息,建立和更新目标轨迹点,消除噪声和干扰,并推测移动机器人下一次出现的位置。这种导航方式的全局性好,但由于需要接收外接信号,导航时容易受到周围环境的影响。

(2)激光导航。激光导航的原理:基于激光雷达进行测距,通过激光雷达获取周围环境的信息,从而计算移动机器人在环境中的位置信息。移动机器人运动时,通过激光雷达扫描周围环境信息,使用 SLAM 技术构建地图,从而进行导航定位。激光导航技术由于其定位精度高,实时性很好,而且不受周围环境干扰,是目前应用最广泛的移动机器人导航技术。

(3)视觉导航。视觉导航即为移动机器人配置摄像头等视觉设备,通过视觉设备采集周围环境图像信息,对采集到的图像信息进行处理,转化为移动机器人可以使用的地图信息,然后对该地图信息进行整理分析,通过移动机器人路径规划算法,在合理的约束条件下规划出一条合适的路径。目前的视觉导航需要在特定的场景下进行,对于复杂的非结构化环境仍然不是十分适用,光线对视觉效果的影响较大。视觉导航过程中需要识别大量的环境信息,同时需要处理和计算大量的数据。

(4)磁导航。磁导航在工业、物流等场合应用非常广泛,是一种很成熟的导航方式。其提前在移动机器人的运动道路上粘贴磁条,工作过程中,机器人沿着预设的磁条运动,通过磁导航传感器检测每个测量点上的磁场强度,根据磁条的特征判定机器人所处的位置。磁导航的优点是技术成熟可靠且不易受周围环境的影响,但需要提前铺设线路,后期维护不方便。

(5)惯性导航。惯性导航使用加速度传感器或陀螺仪等惯性传感器进行定位导航,其通过处理传感器测量的数据获取机器人的位姿信息,之后通过算法处理相关信息来对机器人进行定位。使用惯性元件进行积分计算会导致定位导航的精度随着时间的推移不断降低,因此不能在大范围的场景中使用。惯性导航的优点在于其通过传感器测量自身的位姿,不依靠周围环境信息,定位实时性好,小范围内精度高并且稳定性好。

1.2.2 移动机器人多传感器信息融合技术

应用于移动机器人的传感器可以分为内部传感器和外部传感器两大类。内部传感器用于检测机器人系统内部参数,主要有里程计、陀螺仪、磁罗盘及光电编码器等;外部传感器用于感知外部环境信息,主要有视觉传感器、激光测距传感器、超声波传感器、红外传感器等。由于单一传感器难以保证信息的准确性和可靠性,不足以充分反映外界环境信息,因此采用多个传感器可充分理解环境信息,便于机器人做出正确的决策。

多传感器信息融合技术常用的方法有加权平均法、贝叶斯估计、D2S 证据推理、卡尔曼(Kalman)滤波、人工神经网络等。

加权平均法是将多个传感器的冗余数据进行加权平均,为一种底层数据融合方法,其结果不是统计上的最优估计。贝叶斯估计是根据已知的事实对未发生的事件进行概率判断,通过已知的先验概率对未知的概率进行推断。D2S 证据推理是贝叶斯估计的扩展,它使用了一个不稳定区间,可通过未知前提的先验概率来弥补贝叶斯估计的不足,特别适用于处理多传感器集成系统的信息融合问题。Kalman 滤波是用测量模型的统计特性递推决定在统计意义下的最优融合数据估计。人工神经网通过一定的学习算法可将传感器的信息进行融合,获得网络参数,不用建立系统精确的数学模型,非常适合非线性情况,具有很强的鲁棒性。

1.2.3　移动机器人路径规划技术

路径规划是指移动机器人能够规划出一条从起始状态到目标状态的最优或近似最优的路径,大致包括"信息获取—感知—通信—决策—控制—执行"这几点。

移动机器人路径规划的实现可分为全局路径规划和局部路径规划。

(1)全局路径规划。全局路径规划是指在已知环境中为机器人规划一条路线,路径规划的精度取决于环境获取的准确度。全局路径规划可以找到最优解,但是需要预先知道环境的准确信息,否则当环境发生变化,如出现未知障碍物时,该方法就无能为力了。它是一种事前规划,因此对机器人系统的实时计算能力要求不高,虽然规划结果是全局的、较优的,但是对环境误差及噪声的鲁棒性差。

(2)局部路径规划。局部路径规划的环境信息完全未知或只有部分可知,侧重于考虑机器人当前的局部环境信息,让机器人具有良好的避障能力,通过传感器对机器人的工作环境进行探测,以获取障碍物的位置和几何性质等信息。这种规划需要搜集环境数据,并且能够动态更新和随时校正该环境模型。局部路径规划将环境的建模与搜索融为一体,要求机器人系统具有高速的信息处理能力和计算能力,对环境误差和噪声有较高的鲁棒性,能实时反馈和校正规划结果,但是由于缺乏全局环境信息,所以规划结果有可能不是最优的,甚至可能找不到正确路径或完整路径。

全局路径规划和局部路径规划并没有本质上的区别,很多适用于全局路径规划的方法经过改进也可以用于局部路径规划,而适用于局部路径规划的方法同样经过改进后也可适用于全局路径规划。两者协同工作时,机器人可更好地规划从起始点到终点的行走路径。在实际情况中,移动机器人路径规划除了考虑已知环境和未知环境地图外,还需要考虑动态和静态环境下的路径规划。

A*算法是一种静态路网中求解最短路径最有效的直接搜索方法,也是解决许多搜索问题的有效算法。算法中的距离估算值与实际值越接近,最终搜索速度越快。A*算法同样也可用于动态路径规划中,只是当环境发生变化时,需要重新规划路线。

D*算法则是一种动态启发式路径搜索算法,事先对环境未知,让机器人在陌生环境中行动自如,在瞬息万变的环境中游刃有余。D*算法的最大优点是不需要预先探明地图,机器人可以和人一样,即使在未知环境中,也可以展开行动,随着机器人不断探索,路径也会实时调整。

1.2.4　实时定位与地图构建

自主导航是移动机器人自动运行的一种关键技术,目前最主流的导航技术是 SLAM,其原理是通过传感器对周围环境进行扫描,然后构建一个和真实环境一致的地图,同时对机器人位置进行定位,并规划一条正确的路径,最终引导机器人安全到达指定的目的地。目前,市面上大部分的移动机器人厂商都采用 SLAM 这种导航方式,相关技术和部件产品也已经成熟。SLAM 技术摆脱了此前移动机器人对外部环境的依赖,例如必须要安装导轨、磁条、二维码等辅助设备,这种方式打破了临时调整机器人活动范围及生产线时的约束。

SLAM 目前常用的方式主要有两种。一种是视觉导航,利用摄像头采集周边的图像,利用算法生成地图和运行路径。另一种是基于激光雷达传感器,快速扫描周围环境,生成地图进行导航。目前,这两种方式各有优劣,也有厂家采用多种传感器的方式,实现更高级和更标准的导航。

(1)视觉 SLAM。视觉 SLAM(VSLAM)指在室内环境下,用摄像机、Kinect 等深度相机进行导航和探索。其工作原理简单来说就是对机器人周边的环境进行光学处理,先用摄像头采集图像信息,将采集的图像信息压缩后反馈到一个由神经网络和统计学方法构成的学习子系统,由学习子系统将采集到的图像信息和机器人的实际位置联系起来,完成机器人的自主导航定位功能。但是,室内的 VSLAM 仍处于研究阶段,远未达到实际应用的程度。一方面是因为计算量太大,对机器人系统的性能要求较高;另一方面,VSLAM 生成的地图(多数是点云)还不能用来做机器人的路径规划,需要进一步探索和研究。

(2)激光 SLAM。激光 SLAM 指利用激光雷达作为传感器获取地图数据,使机器人实现同步定位与地图构建。就技术本身而言,激光 SLAM 经过多年验证,已相当成熟,但激光雷达成本昂贵这一瓶颈问题亟待解决。Google 无人驾驶汽车正是采用该项技术,在车顶安装激光雷达,激光碰到周围物体后返回,便可据此计算出车体与周边物体的距离。计算机系统再根据这些数据描绘出精细的 3D 地形图,然后与高分辨率地图相结合,生成不同的数据模型,供车载计算机系统使用。激光雷达具有指向性强的特点,使得导航的精度得到有效保障,能很好地适应室内环境。

1.3　移动机器人技术的发展

机器人的发展从无到有,从低级到高级,随着科学技术的进步而不断深入发展。移动机器人的未来是朝智能化、情感化发展,最后达到"人机共存"。影响移动机器人发展的因素主要有导航与定位、多传感器信息的融合、多机器人协调与控制策略等。

(1)自主移动机器人(Automated Mobile Robot,AMR)基于传统的 AGV,增加了智能导航,提高了对环境的适应性,是未来移动机器人的主流趋势。其通过激光雷达等传感器感知周围环境信息并建立相应的地图,实现导航规划与自主定位,具有易部署、柔性好等特点,更加适合在非结构化的复杂场景中应用。随着新技术的发展,AGV 自主化、智能化的程度越来越高,移动机器人的应用也朝着 AMR 的方向发展。

(2)视觉 SLAM 是目前的研究热点之一,由于 CPU、GPU 处理速度的增长,许多以前被认为无法实时化的算法,现在能够高速运行,硬件性能的提升也促进了视觉 SLAM 的发展。目前,视觉技术已经被广泛地应用于机器人立体视觉避障(人/物区分识别),以及视觉导航和末端高精定位上。视觉传感器成本低,感知信息量大,随着视觉算法技术的成熟,视觉 SLAM 导航机器人在不远的将来会替代激光 SLAM 导航机器人。

(3)移动机器人未来会更好地理解周围的环境,有效地提升其自主决策能力。深度学习将被广泛应用,可加强移动机器人对周围环境的"理解"。深度学习技术在计算机视觉中的应用主要有物体识别、目标检测与跟踪、语义分割、实例分割等。语义 SLAM 能将物体识别与视觉 SLAM 结合起来,将标签信息引入优化过程,构建带物体标签的地图,实现机器人对周围环境内容的"理解"。

(4)多移动机器人系统具有单个机器人无法比拟的优越性,如适应复杂环境的能力、系统的工作效率、灵活性及鲁棒性。移动机器人在实际应用中,通常是以集群的方式协同完成特定的任务,如:集装箱港口,通过对 AGV 的合理调配,大大提高了港口的效率;在物流行业,通过多移动机器人系统进行快递的分拣和运输,提高效率的同时也节省了成本;在智能化工厂生产线上,原材料的料箱存储和拣选、生产线之间的物料搬运也都应用了多移动机器人系统。

第 2 章　轮式机器人机械结构设计

合理的机械结构是机器人完成运动的基础,为使机器人在工作环境中自由完成运动,需要对其运动结构进行合理设计。目前,轮式机器人是适应多数场景的最优选择。轮式机器人的设计涉及驱动轮选择、外形大小、负载能力等运动条件,其结构和外形由任务的需求和工作环境决定。本章主要对轮式机器人的机械结构进行设计与分析,具体包括空间构型、总体方案设计、整车设计及三维模型建立。

2.1　空间构型

轮式机器人由于其承载力大,结构、驱动和控制相对简单,运动速度快,工作效率高等特点,被大量应用于工业、商业、物流、家庭等场景中。在不同应用场景中,应通过实际需求来选择轮式机器人轮子的数量及类型。根据轮子的数量,常用的轮式机器人可以分为三轮、四轮和多轮移动机器人;根据轮子的类型,可以分为标准轮、麦克纳姆轮和球形轮移动机器人。

2.1.1　轮的类型

轮式机器人所使用的车轮有标准轮、脚轮、万向轮、全向轮、麦克纳姆轮和球形轮。通常,标准轮和万向轮组成的轮式机器人、四个或多个麦克纳姆轮组成的轮式机器人的应用比较广泛。

(1)标准轮安装在轮式机器人的固定位置,通过与电动机连接输出动力,驱动机器人运动。图 2.1 为标准轮示意图。

图 2.1　标准轮示意图

(2)脚轮的作用是增加轮式机器人的稳定性,通常没有动力输出,可以在其固定轴上自由转动。图 2.2 为脚轮示意图。

图 2.2　脚轮示意图

（3）万向轮可绕垂直于其旋转轴的轴进行转向。它们可以无偏移，也可以有偏移，在这种情况下，旋转轴和转向轴不相交。

（4）全向轮在运动时可以完成受约束和不受约束的运动组合。它包含围绕其外径的小滚轮，这些小滚轮垂直于车轮的旋转轴安装。这样，除了正常的车轮旋转之外，全向轮还可以在平行于车轮轴线的方向上滚动。

（5）麦克纳姆轮与全向轮相似，不同之处在于滚轮以小于 90° 的角度（通常为 45°）安装。车轮旋转产生的力 F 通过与地面接触的滚子（辊）作用在地面上（假定滚轮足够平坦，没有不规则现象）。在该辊上，该力分解为平行于辊轴的力 F_1 和垂直于辊轴的力 F_2。垂直于辊轴的力产生较小的滚子旋转，但平行于辊轴的力在车轮上对车辆施加力，从而导致轮毂转动。图 2.3 为全向轮和麦克纳姆轮示意图。

图 2.3　全向轮和麦克纳姆轮示意图

为了实现常规脚轮和动力方向盘的全向性，应使用某种形式的运动冗余，例如 n 轮驱动，所有车轮均被驱动和转向。与特殊车轮相比，传统车轮具有更高的负载能力和对地面不规则性的较高公差。

（6）球形轮（如脚轮或特殊的万向轮和麦克纳姆轮）对运动没有直接的限制，也就是说，它是全方位的。换句话说，车轮的旋转轴可以具有任意方向。实现此目的的一种方法是使用由马达和齿轮箱驱动的主动环，通过滚子和摩擦力将动力传递到滚珠上，该摩擦力可以在任何方向上立即自由旋转。由于球形轮构造复杂，实际中很少使用。图 2.4 为球形轮示意图。

图 2.4　球形轮示意图

2.1.2　驱动类型

轮式机器人的驱动类型可以分为:差分驱动、三轮驱动、四轮滑移驱动、全向驱动、同步驱动、阿克曼驱动等。

(1)差分驱动通常由两个动力输出轮组成。这两个动力输出轮分别安装在机器人的左右两侧,并分别安装驱动电机进行独立驱动,同时安装 1~4 个脚轮或万向轮,用于保持机器人平台的平衡与稳定。差分驱动的轮式机器人,左右两个动力输出轮同时以相同的速度运动时,机器人做直线运动;一个动力输出轮的运动速度大于另外一个动力输出轮的运动速度时,机器人做转弯运动;需要原地转弯时,两个动力输出轮以同样的速度向相反方向运动即可。图 2.5 为三种差分驱动机器人示意图。

图 2.5　三种差分驱动机器人示意图

(2)三轮驱动是指移动平台的前轮具有导向功能,左右两个动力输出轮负责动力双输出,采用类似于汽车差速器的结构,用一个电机就可以对其进行驱动,从而完成向前、向后、向左和向右的运动。

(3)四轮滑移驱动也可以称作四轮差速底盘,与两轮驱动的原理一样,都是靠左右两侧动力输出轮的运动速度不同以实现转向,但是因为其 4 个轮子都是固定的,当车子差速原地转向时,4 个轮子必定会有一点漂移,即轮子会出现侧向滑动,而两轮机器人不会出现这种情况,因为两轮机器人的车轴经过旋转中心。图 2.6 为四轮驱动机器人示意图。

图 2.6　四轮滑移驱动机器人示意图

（4）全向驱动可以使用 3 个以上的全向轮来驱动机器人运动。通常，三轮全向驱动机器人使用 90°的全向轮，而四轮全向驱动机器人使用的是麦克纳姆轮。图 2.7 为三轮和四轮全向驱动机器人示意图。

图 2.7　三轮和四轮全向驱动机器人示意图

（5）同步驱动的机器人移动平台使用 3 个或 3 个以上的驱动轮，通过驱动轮以相同速度和相同方向完成旋转等运动。同步转向可以通过铰链、皮带或齿轮来实现。同步驱动的方式是单个驱动轮和转向轮的扩展，所以同步驱动的机器人移动平台仍然只有 2 个自由度。而同步驱动的机器人移动平台的特殊结构可以使其在任意方向移动，但是不能同时移动和转动。

（6）阿克曼驱动是一种典型的移动机器人驱动方式，其包括 2 个驱动轮和 2 个导向轮。阿克曼驱动的移动平台转弯需要一定的转弯半径，不能原地转弯。图 2.8 为阿克曼驱动机器人示意图。

图 2.8　阿克曼驱动机器人示意图

2.1.3　稳定性与机动性

一般而言，轮式机器人的研究往往集中在牵引力、稳定性、机动性和控制等方面。轮式机器人几乎总是被设计成所有轮子都与地面接触，所以轮式机器人始终处于平衡状态，其稳定性可以得到保障。因此，两轮机器人便可以是稳定的，三轮机器人就足以保证稳定的平衡。如果超过 3 个轮子,则需要悬挂系统,悬挂系统的任务是使所有轮子保持与地面的接触,特别是当机器人在崎岖的地形上运动时。

没有一个完美的驱动系统能同时优化可操作性、可控性和稳定性。每个移动机器人的设计过程都面临着独特的约束,这个问题可以简化为选择最方便的驱动器配置。

对于差动驱动移动机器人,附加在车轮上的执行机构必须沿着相同的速度剖面行驶,并可能要考虑车轮、执行机构和环境条件的变化。

全向机器人能够向任何方向前进,它们可以是球形的、瑞典式的或者蓖麻轮子。仿人机器人 Pepper 是一款全方位轮式仿人机器人,能够分析表情和语音语调,拥有市场上大多数类型的复杂传感器(高清摄像头、深度传感器、陀螺仪、触摸传感器、声呐和激光传感器)。

同步驱动的机器人移动平台尽管有 3 个或更多的驱动轮,但其只有 2 个自由度,其中一个自由度是 3 个轮子的速度方向,另一个自由度则围绕垂直转向轴旋转方向。在建模任何机器人时,了解轮子的数量和类型是非常重要的。

2.2 总体方案设计

2.2.1 整体方案

本节所设计的轮式机器人为室内移动机器人,可完成运输、分拣等各类工作,因此需要较强的运动能力。室内移动机器人通常在有人的环境中工作,所以要保证其在有人环境中的适应能力;为保证工作效率,其要具有一定的运动速度;由于所在环境的复杂性,其必须具有运动灵活等特点。

室内移动机器人大部分任务是在非结构化环境中,其所处环境会随着时间相应地变化。室内移动机器人通过传感器收集环境信息,在已有的地图信息基础上进行相应的轨迹规划。同时,室内移动机器人具有识别人的能力、主动避障的能力和紧急制动的能力,这些能力让其在有人干扰的动态环境中具有较强的安全性。室内移动机器人要具有良好的运动速度特性,在所处环境中可以根据不同的场景实时地调整速度,以提高整体的工作效率。

室内移动机器人采用模块化设计,主要包括车架部分、驱动单元、控制系统单元、传感器单元和电源单元。其结构示意图如图 2.9 所示,可使用 SOLIDWORKS 软件建立室内移动机器人的三维模型。

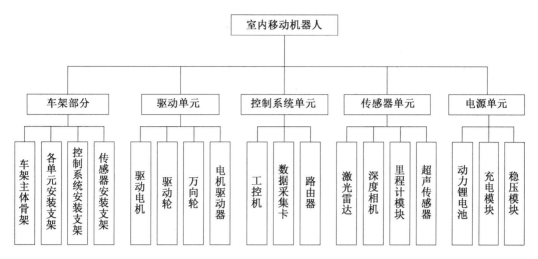

图 2.9 室内移动机器人结构示意图

2.2.2 主要性能指标确定

根据室内移动机器人的任务要求,确定如下性能指标。

(1)尺寸与质量。

采用差分驱动圆形底盘,底盘直径为 400 mm,质量不超过 15 kg。

(2)承载能力。

承载能力不小于 10 kg。

(3)续航能力。

连续工作时间不少于 6 h。

(4)移动灵活性。

可以在室内自由移动,转向灵活。

(5)结构紧凑性。

应降低机器人重心,保证机器人不会倾倒,因此机器人整体高度不超过 500 mm(加上外设设备)。

(6)越障能力。

可以越过一般的门槛(10 mm 以内高的门槛)。

机器人整体结构参数见表 2.1。

表 2.1　机器人整体结构参数

参数		基本要求
总体结构		轮式结构,2 个驱动轮、2 个万向轮
结构要求	结构尺寸(长×宽×高)	400 mm×400 mm×500 mm
	自重	15 kg
	载荷	10 kg
	驱动轮直径	100 mm
	万向轮直径	50 mm
机动要求	推动力	320 N
	最大运行速度	1.0 m/s
	最大爬坡角度	15°
	运动地形	轮椅可以行走的地面
	运行时间	6 h 以上
驱动要求	电机	24 V/60 W 直流伺服电机
	减速器	精密行星轮减速器
	驱动方式	两轮差动驱动
传感器要求	激光传感器	距离为 0～20 m、角度为 180°
	超声传感器	6 个、布置间距为 250 mm
	陀螺仪	±100 (°)/s
电池		24 V/12 Ah 动力锂电池

2.2.3　驱动方案

由于移动机器人用于实验教学,但实验室内的空间有限,所以在驱动方案的选择上,应让机器人能够在有限的空间内实现灵活的运动。本方案采用差分驱动,包含 2 个驱动轮和 2 个万向轮,最大的特点就是机器人承载能力大、稳定好,不足是机器人对行走路面要求较高,适合在室内平坦的地面行走。

在有限的空间内实现移动机器人灵活的运动,轮系的布局则显得尤为重要。针对现有轮系布局方式(四轮结构)的优缺点进行分析讨论,需设计一种适合实验室内使用的移动机器人的轮系布局方式。

为了提高移动机器人的灵活性,减小其运动半径,采用圆形底盘,差分驱动机器人的轮系布局如图 2.10 所示。在图 2.10(a)所示布局中,移动机器人前后各有一个脚轮,其优点是可使移动机器人的转弯半径最小,能最大限度地利用其结构空间,但在装配等实际使用过程中,这种布局会造成前后脚轮和驱动轮不在一个平面内,移动机器人在加速和急停过程中会前后晃动。图 2.10(b)所示布局虽然会造成转弯半径增加,但是其结构稳定性要比图 2.10(a)所示布局的结构稳定性好。综合考虑,本方案采用图 2.10(b)所示布局。

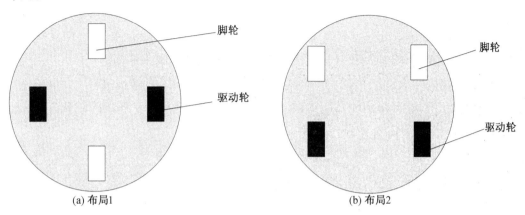

(a) 布局1　　　　　　　　　　　　　　　　(b) 布局2

图 2.10　差分驱动机器人的轮系布局示意图

根据所采用的差分驱动机器人轮系布局,使用 SOLIDWORKS 软件,对移动机器人底盘结构、驱动轮、驱动电机、脚轮等进行 3D 建模,将建立的模型进行装配。两轮差分驱动机器人轮系结构示意图如图 2.11 所示。

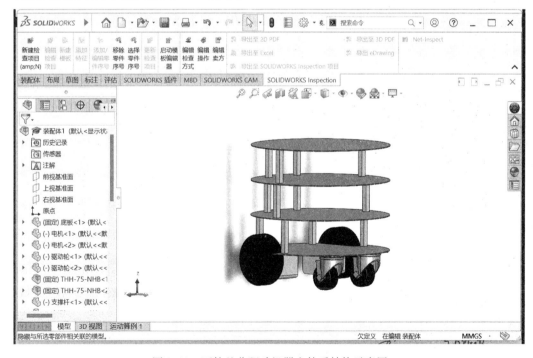

图 2.11　两轮差分驱动机器人轮系结构示意图

2.3　整车设计及三维模型建立

根据对轮式机器人车架部分、驱动单元、控制系统单元、传感器单元的综合考虑，并结合电机、减速器的选型结果与相应尺寸，同时考虑所需传感器、控制器、电源的尺寸及布局，使用 SOLIDWORKS 软件设计轮式机器人的整车机构并绘制三维模型。

下面以轮式机器人底板设计为例，描述在 SOLIDWORKS 中的建模过程。本书所使用的 SOLIDWORKS 版本为 2021 版，打开 SOLIDWORKS，点击"新建文件"按钮，然后选择零件，创建零件工程文件，如图 2.12 所示。

图 2.12　在 SOLIDWORKS 中创建零件工程文件

在创建好的零件工程文件中，选择一个绘图基准面（前视基准面、上视基准面、右视基准面），右键选择"草图绘制"，开始绘制草图，图 2.13 所示为创建的草图界面。

在 SOLIDWORKS 软件页面上方的菜单栏中，选择"草图绘制"按钮，根据绘制零件的需要，可以选择直线、圆、曲线、长方形、圆弧等，在所在视图下绘制零件的二维轮廓形状，如图 2.14 所示。

由于轮式机器人的底板轮廓为圆形，选择圆形绘制，按照设计指标绘制半径为 210 mm的圆，如图 2.15 所示。

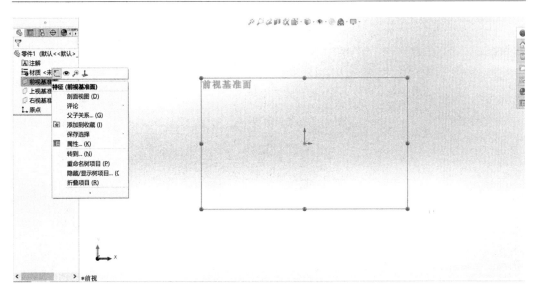

图 2.13　在 SOLIDWORKS 中创建草图

图 2.14　在 SOLIDWORKS 中绘制草图

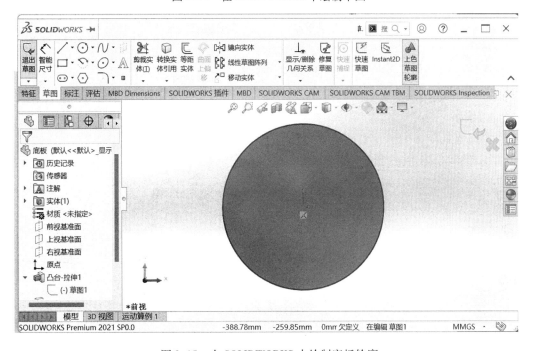

图 2.15　在 SOLIDWORKS 中绘制底板轮廓

在绘制完轮廓后,点击"拉伸凸台/基体"按钮(图2.16中方框标记按钮)进行凸台拉伸。

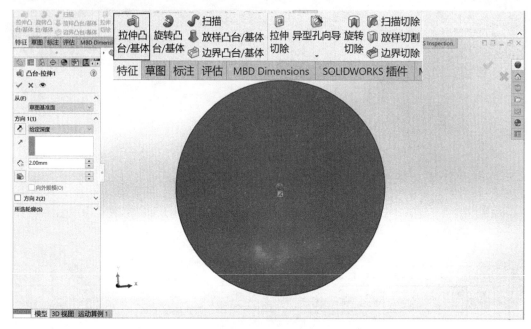

图2.16　在SOLIDWORKS中拉伸底板实体

下一步进行底板安装孔的切除,同理,根据设计指标,使用草图绘制需要切除孔的轮廓,点击"拉伸切除"按钮(图2.17中方框标记按钮),进行实体切除。

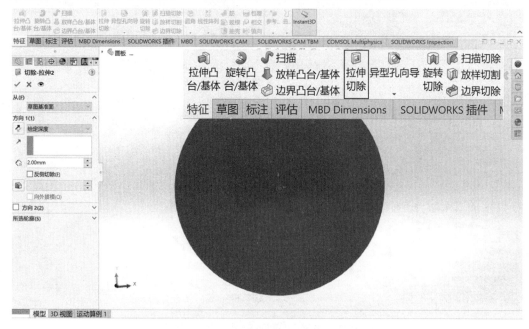

图2.17　在SOLIDWORKS中切除底板安装孔

然后根据设计指标,绘制底板其他部分,在 SOLIDWORKS 中完成轮式机器人底板的设计,如图 2.18 所示。

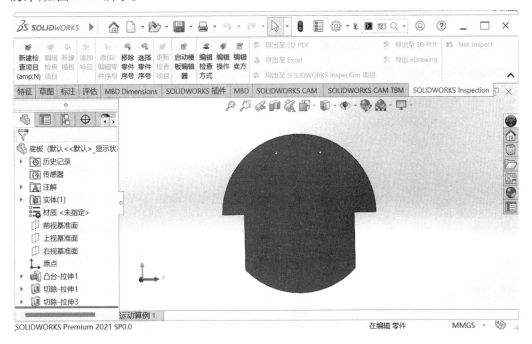

图 2.18　在 SOLIDWORKS 中设计轮式机器人底板

车架为轮式机器人的重要承重部件,包括驱动单元、控制系统单元、传感器单元等,采用强度较高的结构钢进行设计。为了减轻车身质量,小车采用多层设计,便于各部件的放置与安装,上层采用铝合金,同时加以螺钉进行各层之间的连接,保证车体的强度与刚度。车架三维模型如图 2.19 所示。

根据表 2.1 中结构参数,轮式机器人整车结构包含车架、工控机、奥比中光摄像头、ZED 双目摄像头、激光雷达、陀螺仪、动力锂电池等。底层结构安装驱动电机、驱动轮、脚轮、激光雷达、陀螺仪、动力锂电池等部件;第二层结构安装工控机、奥比中光摄像头等部件;第三层结构安装路由器、ZED 双目摄像头;顶层结构为了便于轮式机器人的运动控制,通常用于放置计算机。轮式机器人的车头和整车三维模型分别如图 2.20 和图 2.21所示。

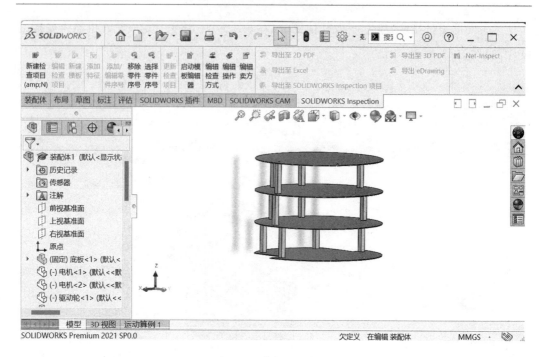

图 2.19　车架三维模型

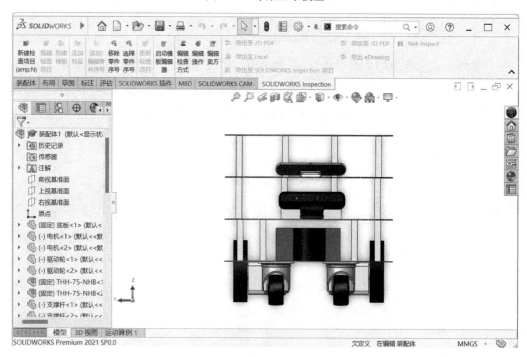

图 2.20　车头三维模型

图 2.21　整车三维模型

第3章　轮式机器人运动学模型

通常轮式机器人的运动学模型分为单轮模型、差速模型、全向模型等,本章以两轮差速模型为例,介绍运动学模型的建立与分析。运动学模型描述了轮式机器人的几何状态、控制参数和轮式机器人运动之间的关系,可以用微分方程分析轮式机器人系统的速度。

3.1　差分驱动轮式机器人状态分析

在轮式机器人运动过程中,通常认为其轮子相对于地面不发生摩擦滑动,即车轮与地面接触部分的瞬时速度为零,轮式机器人中心位置相对于地面的速度等于驱动轮的线速度,其运动学模型如图 3.1 所示。

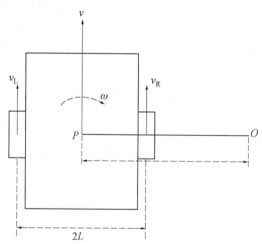

图 3.1　轮式机器人运动学模型示意图

左右两侧轮子的线速度公式为

$$v_{\mathrm{L}} = R\omega_{\mathrm{L}}, \quad v_{\mathrm{R}} = R\omega_{\mathrm{R}} \tag{3.1}$$

式中　R——轮式机器人(亦可称为移动平台)车轮的半径;

v_{L}、ω_{L}——轮式机器人左侧车轮的线速度和角速度;

v_{R}、ω_{R}——轮式机器人右侧车轮的线速度和角速度。

因此,得到轮式机器人本体(中心 P)的瞬时速度 v 为

$$v = \frac{v_{\mathrm{L}} + v_{\mathrm{R}}}{2} \tag{3.2}$$

将轮式机器人整体看作一个刚体,即认为任意一时刻的任意一点的转动角速度均相等,所以有

$$v_R = v_L + 2L\omega \tag{3.3}$$

式中 ω——轮式机器人本体中心(P)的瞬时角速度;

$2L$——轮式机器人左右驱动轮的中心线之间距离。

令机器人转弯时半径为 R,则有下式成立:

$$R = \frac{v}{\omega} = \frac{L(v_L + v_R)}{v_L - v_R} \tag{3.4}$$

所以,由式(3.4)可知,机器人的运动状态存在直线运动、旋转运动和曲线运动3种情况。

3.2 差分驱动轮式机器人运动学模型

差分驱动轮式机器人的移动平台在室内做平面运动,所以为了确定移动平台的位置,在图3.2中把全局参考系下的运动映射到移动平台局部参考系下的运动,全局参考系和局部参考系之间的夹角为 θ。移动平台车轮的半径为 R,两车轮之间的中心距 $|O_L O_R| = 2L$,左右轮在 0 和 t 时刻内分别转动 φ_L 和 φ_R,同时左右轮的角速度分别为 ω_L 和 ω_R。全局参考坐标系和移动平台的局部参考坐标系之间的映射关系使用旋转矩阵表示为

$$R = \begin{bmatrix} \cos\theta & \sin\theta & 0 \\ -\sin\theta & \cos\theta & 0 \\ 0 & 0 & 1 \end{bmatrix} \tag{3.5}$$

若仅考虑右轮,轮子先向前转动,则点 P 产生逆时针旋转,如果右轮单独运动,移动平台绕左轮运动,可以计算出点 P 转动的角速度 ω_R,而移动平台瞬时沿半径为中心距 $2L$ 的圆弧运动,右轮的角速度为

$$\omega_R = \frac{r\dot{\varphi}_R}{2L} \tag{3.6}$$

同理,作用于左轮时,点 P 顺时针运动,左轮的角速度为

$$\omega_L = -\frac{r\dot{\varphi}_L}{2L} \tag{3.7}$$

通过左右轮的角速度,可以得出点 P 的速度,其表达如下:

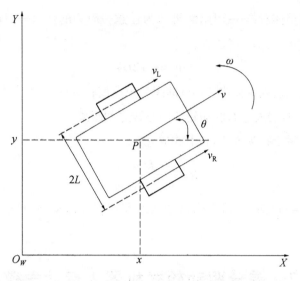

图 3.2　两轮差速驱动轮式机器人运动学模型示意图

$$\dot{x} = \frac{\omega_L + \omega_R}{2}\cos\theta$$

$$\dot{y} = \frac{\omega_L + \omega_R}{2}\sin\theta \qquad (3.8)$$

$$\dot{\theta} = \frac{(\omega_L + \omega_R)r}{2L}$$

所以本节移动平台的运动学模型为

$$\begin{bmatrix} \dot{x} \\ \dot{y} \\ \dot{\theta} \end{bmatrix} = \boldsymbol{R}^{-1} \begin{bmatrix} \dfrac{R\dot{\varphi}_1}{2} + \dfrac{R\dot{\varphi}_2}{2} \\ 0 \\ \dfrac{R\dot{\varphi}_1}{2L} + \dfrac{-R\dot{\varphi}_2}{2L} \end{bmatrix} \qquad (3.9)$$

其中，$\boldsymbol{R}^{-1} = \begin{bmatrix} \cos\theta & -\sin\theta & 0 \\ \sin\theta & \cos\theta & 0 \\ 0 & 0 & 1 \end{bmatrix}$。

在全局坐标系下，$\boldsymbol{P} = \begin{bmatrix} x & y & \theta \end{bmatrix}^T$，$\dot{\boldsymbol{P}} = \begin{bmatrix} \dot{x} & \dot{y} & \dot{\theta} \end{bmatrix}^T$，$\boldsymbol{W} = \begin{bmatrix} \varphi_L & \varphi_R \end{bmatrix}^T$。在实际中，点 P 的运动和机器人两轮的运动约束描述关系在位置上是不存在的，仅存在速度上的非完整约束，并且不能直接转换到位置上，其表达如下：

$$\begin{bmatrix} \dot{x} \\ \dot{y} \\ \dot{\theta} \end{bmatrix} = \begin{bmatrix} \dfrac{r}{2}\cos\theta & \dfrac{r}{2}\cos\theta \\ \dfrac{r}{2}\sin\theta & \dfrac{r}{2}\sin\theta \\ \dfrac{r}{2L} & -\dfrac{r}{2L} \end{bmatrix} \begin{bmatrix} \dot{\varphi}_{\mathrm{L}} \\ \dot{\varphi}_{\mathrm{R}} \end{bmatrix} \tag{3.10}$$

若只考虑移动平台的速度,而不考虑其角速度,则雅可比矩阵为

$$\boldsymbol{J}_P = \frac{r}{2}\begin{bmatrix} \cos\theta & \cos\theta \\ \sin\theta & \sin\theta \end{bmatrix} \tag{3.11}$$

假设移动平台点 P 在世界坐标系 $\{O_W\}$ 下的位置可以表示为 $(x_P, y_P, 0)$,移动平台在室内环境中运动,为了更好地表达移动平台在世界坐标系下的运动,引入移动平台坐标系 $\{O_P\}$ 和世界坐标系 $\{O_W\}$ 之间的位姿变换矩阵,则位姿变换矩阵为

$$^{W}_{P}\boldsymbol{T} = \begin{bmatrix} \cos\theta & -\sin\theta & 0 & x_P \\ \sin\theta & \cos\theta & 0 & y_P \\ 0 & 0 & 1 & 0 \\ 0 & 0 & 0 & 1 \end{bmatrix} \tag{3.12}$$

在世界坐标系下,移动平台在 t 时刻内的角位移为 θ,而两个轮子转角随时间的变化关系分别为 $\varphi_{\mathrm{L}}(t)$ 和 $\varphi_{\mathrm{R}}(t)$。移动平台点 P 在世界坐标系下的位移 x_P 和 y_P 可以通过移动平台上的速度分量 $\dot{x}$ 和 $\dot{y}$ 积分求得,即

$$\begin{bmatrix} x_P \\ y_P \end{bmatrix} = \int_0^t \boldsymbol{J}_P \begin{bmatrix} \dot{\varphi}_{\mathrm{L}} \\ \dot{\varphi}_{\mathrm{R}} \end{bmatrix} \mathrm{d}\tau \tag{3.13}$$

由 $\dot{x}_P$ 和 $\dot{y}_P$(移动平台点 P 的速度分量)可以得出移动平台的角速度 $\dot{\theta}$ 为

$$\dot{\theta} = \frac{\sqrt{(\dot{x}_P{}^2 + \dot{y}_P{}^2)}}{R} \tag{3.14}$$

式中　R——移动平台瞬时运动的半径。

则移动平台坐标系相对于世界坐标系的角位移为

$$\theta = \int_0^t \dot{\theta}\,\mathrm{d}\tau \tag{3.15}$$

3.3　运动实验

两轮差速驱动轮式机器人的正逆运动学,通常使用 ROS 下的 ros_contollers 中的 diff_drive_controlers 程序包来实现。cmd_vel 是控制机器人的最实用的话题(Topic),用户可以

通过这个话题来控制机器人的前进、后退和左右旋转。通过 geometry_msgs::Twist 形式来实现机器人的运动控制，其结构体内容包括沿着机器人坐标系 x、y、z 轴的线速度和角速度，具体参数如下：

```
Vetor3 linear
    float64 x
    float64 y
    float64 z
Vetor3 angular
    float64 x
    float64 y
    float64 z
```

两轮差速轮式机器人的正逆运动学实现的参考代码如下：

```
//定义速度的订阅器,并绑定回调处理函数为 controlCallback
ros::Subscriber sub = nh. subscribe < geometry _ msgs::Twist > ( "/cmd _ vel", 1, boost::bind
(&RobotStm32Driver::controlCallback,this,_1) );
/*
*订阅到速度主题/cmd_vel 的 Twist 后的回调处理函数
*作用：将 ROS 的速度转换成左右轮电机的速度
*/
void RobotStm32Driver::controlCallback( const geometry_msgs::Twist::ConstPtr& msg)
{
    //cout<<"in controlCallback"<<endl;
    vel_x=msg->linear. x;    //从 ROS 速度消息中获取中心线速度
    vel_w=msg->angular. z; //从 ROS 速度消息中获取中心角速度
    //将中心线速度和角速度分解成左右轮的线速度和角速度
    right_vel_x=vel_x+vel_w * ( wheel_track/2.0);
    left_vel_x=vel_x-vel_w * ( wheel_track/2.0);
    //cout<<"vel_x="<<vel_x<<", vel_w="<<vel_w<<endl;
    //cout<<"left_vel_x="<<left_vel_x<<",right_vel_x="<<right_vel_x<<endl;
    //分别计算出左右轮周期内需要转的码盘数
    //float period=30.0;
left_pwm=(int16_t)((left_vel_x * period) * (encoder_resolution/(M_PI * wheel_diameter)));
right_pwm=(int16_t)((right_vel_x * period) * (encoder_resolution/(M_PI * wheel_diameter)));
    //cout<<"left_pwm="<<left_pwm<<",right_pwm="<<right_pwm<<endl;
    //向 STM32 发速度控制指令
```

driverRobot(left_pwm,right_pwm);

}

对于两轮差速驱动轮式机器人,只需要调整其沿 x 轴方向的线速度和绕 z 轴方向的角速度,启动机器人,给底盘发送指令,便可以控制轮式机器人实现直线、曲线、旋转等运动。

3.3.1　直线运动实验

在两轮差速驱动轮式机器人运动时,若 $v_L = v_R$,机器人本体中心(P)的线速度 $v = v_L = v_R$,角速度 $\omega = 0$,转弯半径 $R \to \infty$,则轮式机器人本体做直线运动,如图 3.3 所示。

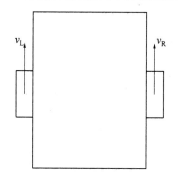

图 3.3　直线运动示意图

打开一个终端,运行以下命令,启动底盘驱动。

roslaunch　dashgo_driver　drive.launch

打开另外一个终端,运行以下命令,实现命令行控制运动。

rostopic pub −r 10 / cmd_vel gemotry_msgs/Twist '{linear:{x:0.2, y:0, z:0}, angular:{x:0, y:0, z:0}'

命令运行后,小车会以 0.2 m/s 的速度沿直线运动。

3.3.2　曲线运动实验

在两轮差速驱动轮式机器人运动时,若 $v_L \neq v_R$,则轮式机器人本体绕某一固定点做等半径的转动,如图 3.4 所示。

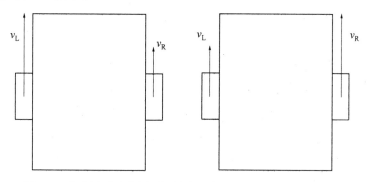

图 3.4　曲线运动示意图(注:箭头长度不同代表速度大小不同)

打开一个终端，运行以下命令，启动底盘驱动。

roslaunch　dashgo_driver　drive. launch

打开另外一个终端，运行以下命令，实现命令行控制运动。

rostopic pub −r 10 / cmd_vel gemotry_msgs/Twist '{linear:{x:0.2, y:0, z:0}, angular:{x:0, y:0, z: 0.2}'

命令运行后，小车会以 0.2 m/s 的速度沿 x 轴方向，以 0.2 rad/s 的速度绕 z 轴运动。

3.3.3　旋转运动实验

在两轮差速轮式机器人运动时，若 $v_L = -v_R$，轮式机器人本体中心（P）的线速度 $v=0$，角速度 $\omega = -v_L/L$，转弯半径 $R=0$，则轮式机器人本体绕其自身中心转动，即轮式机器人本体实现原地转动，如图 3.5 所示。

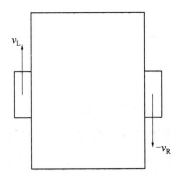

图 3.5　旋转运动示意图

打开一个终端，运行以下命令，启动底盘驱动。

roslaunch　dashgo_driver　drive. launch

打开另外一个终端，运行以下命令，实现命令行控制运动。

rostopic pub −r 10 / cmd_vel gemotry_msgs/Twist '{linear:{x:0, y:0, z:0}, angular:{x:0, y:0, z:0.2}'

命令运行后，小车会以 0.2 rad/s 的速度绕 z 轴运动。

3.3.4　键盘运动控制实验

键盘节点向主题/cmd_vel 中发送线速度 v 和角速度 ω 消息（该速度是机器人中心的线速度和角速度），dashgo_driver 驱动节点监听到速度消息后，会将速度分解成左右轮子的速度，再转换成期望轮子一个周期（1/30 s）内转动的脉冲数的形式（PWM，脉冲宽度调制），发给 STM32 控制电机转动。如何将机器人中心的线速度和角速度分解成左右轮子的速度？

首先已知

wheel_diameter：0.162　//轮子直径

wheel_track：0.34　//两轮间距

encoder_resolution：610　//轮子转动一圈返回的码盘值

则(这部分是由公式推导得到)

right_vel_x = vel_x + vel_w * (wheel_track/2.0)；　//右轮线速度=中心线速度+中心角速度×两轮间距的一半

left_vel_x = vel_x − vel_w * (wheel_track/2.0)；　//左轮线速度=中心线速度−中心角速度×两轮间距的一半

再分别将左右轮子的线速度转换成轮子周期(1/30 s)内转动的脉冲数的形式(PWM)：

Period = 1/30　//单位为 s

/ * 走 1 m 时,要转动多少的码盘数 * /

ticks_per_meter = self. encoder_resolution / (self. wheel_diameter * PI)

/ * 左右轮周期内要转的码盘数 * /

left_pwm = int((left_vel_x * period) * ticks_per_meter)；

right_pwm = int((right_vel_x * period) * ticks_per_meter)；

例如,需要机器人以 0.3 m/s 向前直线行走,则向 STM32 中发的值如下：

ticks_per_meter = 610/(0.162 * 3.1415) = 1198.61

left_pwm = 12　//十六进制为 0C

left_pwm = 12

最终向 STM32 上发的指令就是

FF AA05 04 0C 00 0C 00 21

键盘运动控制操作如下：

①从网上 ros wiki 下载键盘控制包 teleop_twist_keyboard,并放到 dashgo_ws 工程中,重新编译工程。

cd ~/dashgo_ws

sudo chmod 777 dashgo_ws −R

catkin_make

source devel/setup. bash

rospack profile

②启动底盘驱动 launch。

roslaunch dashgo_driver driver. launch

③启动键盘节点脚本,并控制底盘移动。

rosrun teleop_twist_keyboard teleop_twist_keyboard. py

④启动成功后,键盘"i"键表示前进,","键表示后退,"j"键表示左转,"l"键表示右转,"k"键表示停止。

第4章 轮式机器人底盘控制

本章使用两轮差速结构作为机器人的底盘,使用 STM32 控制器控制三相无刷直流电机,介绍 STM32 微处理器的软件开发环境、无刷直流电机控制方法以及机器人两轮差速协调控制方法。

4.1 STM32 微处理器的软件开发环境

本书使用 ST 公司目前主推的 HAL(Hardware Abstraction Layer)库开发 STM32,配合使用的软件包括 STM32 CubeMX 和 Keil5,以及 JAVA 环境,安装软件时会有相应的提示。下面以 STM32F407ZGT6 芯片为例创建一个新的工程,了解 STM32CubeMX 和 Keil5 的使用方法,以及计时器、中断、GPIO(通用 I/O 口)的配置方法。

4.1.1 STM32CubeMX 和 Keil5

STM32CubeMX 是 STM32Cube 工具家族中的一员,从 MCU(微处理器)选型、引脚配置、系统时钟以及外设时钟设置,到外设参数配置、中间件参数配置,它给 STM32 开发者们提供了一种简单、方便且直观的方式来完成这些工作。完成所有的配置后,它还可以根据所选的 IDE(Integrated Development Environment)集成开发环境生成对应的工程和初始化 C 代码。

通过 STM32CubeMX 建立工程文件的操作步骤如下。

打开 STM32CubeMX 软件,点击"File"→"New Project",如图 4.1 所示。

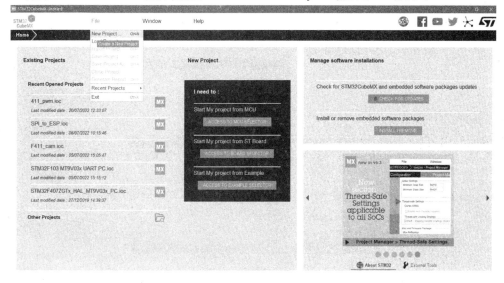

图 4.1 新建工程文件

选择 MCU 型号"STM32F407ZGTx"并创建工程,如图 4.2 所示。

图 4.2　选择 MCU 型号并创建工程

选择时钟,如图 4.3 所示。

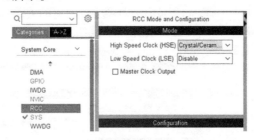

图 4.3　选择时钟

选择 Debug 模式,如图 4.4 所示。

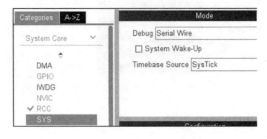

图 4.4　选择 Debug 模式

选择 HSE/PLLCLK/HCLK=72 MHz,然后回车自动完成时钟配置,如图 4.5 所示。

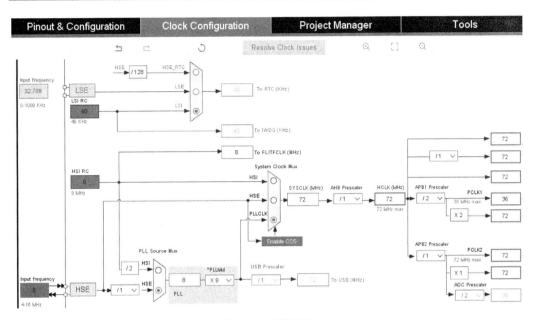

图 4.5　时钟配置

输入项目名称(Project Name)、保存文件位置(Project Location)和使用的 Toolchain/ IDE(第一次生成工程时会提示下载相应包,下载即可),保存工程,如图 4.6 所示。

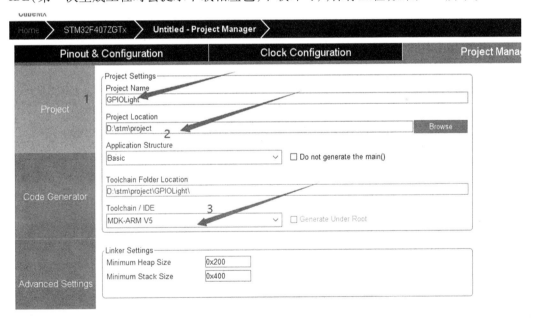

图 4.6　保存工程

点击"GENERATE CODE",生成工程文件(此处可以不设置,也可根据使用者的要求进行设置)。图 4.7 给出了生成工程文件需要配置的勾选项。

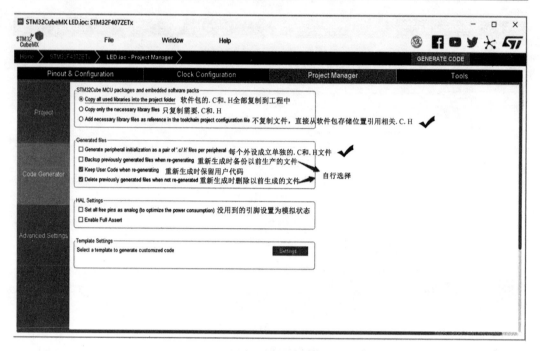

图 4.7　生成工程文件需要配置的勾选项

生成工程文件后点击"Open Project",安装成功后会自动打开 Keil5 和该工程,如图 4.8 所示。随后点开"main",会发现由 STM32CubeMX 生成的很多文件。

注意:如果在 STM32CubeMX 生成的文件下添加自己的代码,一定要将代码写在 USER CODE BEGIN 和 USER CODE END 之间,否则再次生成工程后写在外面的代码会被删掉。

图 4.8　生成工程

进入工程后(即在 Keil5 环境下)进行仿真调试工程的下载编译设置,如图 4.9 所示。

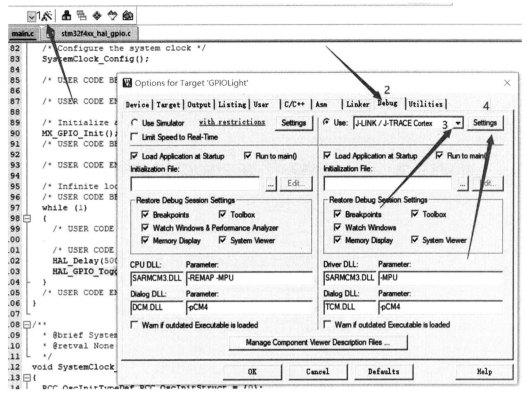

(a) 设置界面1

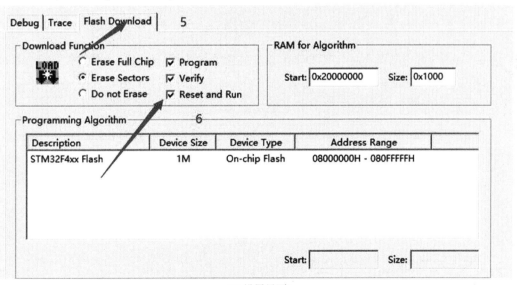

(b) 设置界面2

图 4.9　下载编译设置

4.1.2　计时器和中断

这一部分的目标是配置 50 Hz 的中断作为核心逻辑。50 Hz 适配大部分外设,同时用于中断的计时器能兼顾生成 PWM 波。配置如下:以选用 TIM3 为例,勾选打开"Internal Clock","Prescaler"(预分频)选择"7200-1","Counter Period"(计数周期)选择"200-1",如图 4.10 所示。

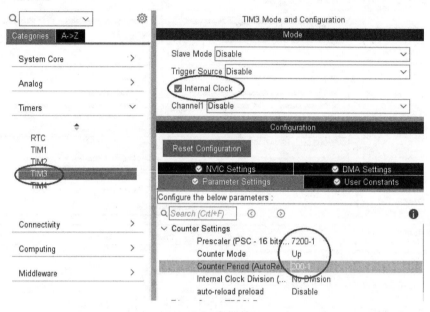

图 4.10　计时器设置

说明:①为什么选择 Internal Clock? 其目的是连接 TIM3 和内部时钟,对应 72 MHz;②为什么选择 7200-1 和 200-1? 因为需要 50 Hz,而 72 000 000/7 200/200＝50;③为什么要减 1? 本身就有个 1,写 0 相当于 1,因此要减掉一个 1。

添加中断回调函数,每 20 ms 执行一次该函数,这个函数只要被 main 函数包括就能被识别。

中断回调函数结构如下:

```
void HAL_TIM_PeriodElapsedCallback(TIM_HandleTypeDef * htim)
{
    if(htim->Instance == htim3.Instance)
    {

        //这里添加核心控制逻辑代码

    }
}
```

4.1.3　GPIO

GPIO 口中,Output(O)为输出高低电平,Input(I)为读取高低电平。当然 I/O 口还有其他功能,根据系统的需求而定。例如将 PF0～PF3 全部设置为输出模式,图 4.11 所示为 GPIO 引脚配置。

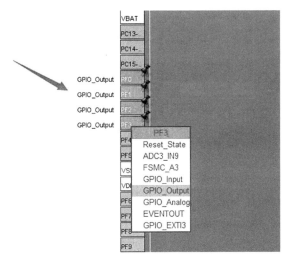

图 4.11　GPIO 引脚配置

引脚配置完成后,还需要配置端口的工作模式。如图 4.12 所示,选中"GPIO"弹出上一步选中的 4 个引脚(PF0～PF3),选中每一个引脚,在下方配置其初始化状态。

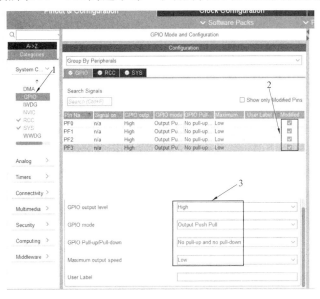

图 4.12　GPIO 引脚的初始化状态配置

4.2　无刷直流电机控制

4.2.1　无刷直流电机的换向控制

机器人底盘采用两轮三相无刷直流电机差速控制结构,控制器采用 STM32,使用 3 个霍尔传感器以间隔 120°方式分布安装,电机驱动框图如图 4.13 所示。

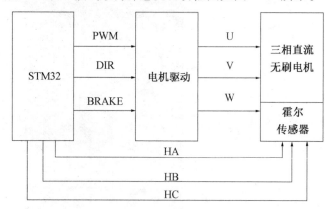

图 4.13　电机驱动框图

(1)连线说明。

PWM——通过占空比控制电机转速;

DIR——控制转动方向;

BRAKE——控制刹车;

U、V、W——无刷电机的三相引出线;

HA、HB、HC——霍尔传感器信号反馈线。

(2)电机速度测量及计算。

电机速度测量采用 M 法,即测量单位时间内的脉冲数。在单位时间 T 内,统计 HA、HB 的所有上升沿和下降沿得到脉冲数 Count。已知电机转换一周可计数的脉冲数为 one_cycle_count(本实验所用电机的脉冲数为 610,额定功率 60 W,额定转速为 2 500 r/min)。令单位时间 T 的单位为 s,则计算出速度为 Count/T,其单位为脉冲数/s。

注意:实际程序里的单位时间 T 是毫秒级的,计算时需转换成 s。若需要的速度单位为 r/s,则速度计算公式为 Count/(T×one_cycle_count)。若需再将速度转换为 r/min,则需乘以 60,即(60×Count)/(T×one_cycle_count)。

三相无刷直流电机换相电路如图 4.14 所示。T_1～T_6 为功率开关器件(管),在低压电机电路中多采用 MOSFET 器件(金属–氧化物–半导体场效应晶体管),而在高压

(> 100 V)电机电路中 IGBT 器件(绝缘栅双极晶体管)则较为广泛。通过控制此 6 个开关器件(管)的开关顺序可实现对不同绕组加电,完成六步换相要求。当开关管 T_1、T_4 导通,其他开关管截止时,电流将从绕组 A 端流入、B 端流出;当开关管 T_1、T_6 导通,其他开关管截止时,电流将从绕组 A 端流入、C 端流出;当 T_3、T_6 导通,其他开关管截止时,电流将从绕组 B 端流入、C 端流出;当 T_5、T_4 导通,其他开关管截止时,电流将从绕组 C 端流入、B 端流出;依此类推,可按要求实现对不同绕组加电。任意时刻不能上下管同时导通,即不能 T_1 和 T_2 同时导通,不能 T_3 和 T_4 同时导通,不能 T_5 和 T_6 同时导通。

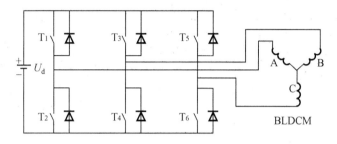

图 4.14　三相无刷直流电机换相电路

采用二二导通方式进行换相,其导通顺序有:T_1、$T_4 \rightarrow T_1$、$T_6 \rightarrow T_3$、$T_6 \rightarrow T_3$、$T_2 \rightarrow T_5$、$T_2 \rightarrow T_5$、T_4,共 6 种导通状态,每隔 60° 改变一次导通状态,每次改变仅切换一个开关管,每个开关管连续导通 120°。三相无刷直流电机正反转与开关管开关状态及传感器信号间关系如图 4.15 所示。

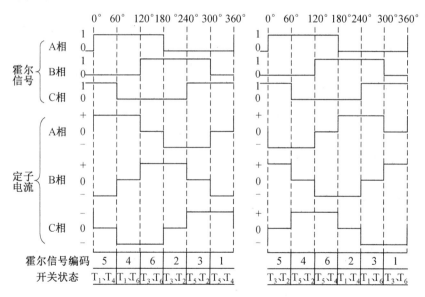

图 4.15　三相无刷直流电机正反转换相

由图 4.15 可知二二导通方式换相控制真值,见表 4.1。

表 4.1　二二导通方式换相控制真值

编码	正转		反转	
	绕组通电顺序	导通功率开关	输出相电压	导通功率开关
5	+A，−B	T_1、T_4	+B，−A	T_3、T_2
4	+A，−C	T_1、T_6	+C，−A	T_5、T_2
6	+B，−C	T_3、T_6	+C，−B	T_5、T_4
2	+B，−A	T_3、T_2	+A，−B	T_1、T_4
3	+C，−A	T_5、T_2	+A，−C	T_1、T_6
1	+C，−B	T_5、T_4	+B，−C	T_3、T_6

采用脉冲宽度调制算法,通过改变占空比调节逆变器输出电压;开关管采用二二导通方式,三相六状态 PWM"上管调制、下管开关控制"的输出控制方式,即上桥由 TIM1 的 CH1、CH2、CH3 输出 PWM1,下桥使用 I/O 驱动方式驱动电机,TIM2 的 PA0、PA1、PA2 作为霍尔输入通道,采用定时器霍尔中断查询换相表实现换相,从而实现对三相无刷直流电机的速度控制。

定时器 TIM1 的配置如图 4.16 所示。将 3 个通道的 PWM 都使能,同时加入 BKIN (STM32 TIM1_BKIN 刹车功能)中断使能,即勾选 Activate-Break-Input,当驱动板产生过流时停止电机运动,即实现过流保护。PWM 频率设置为 20 kHz,即"Counter Period"选项设置为"8400"。TIM2 的配置如图4.17所示。

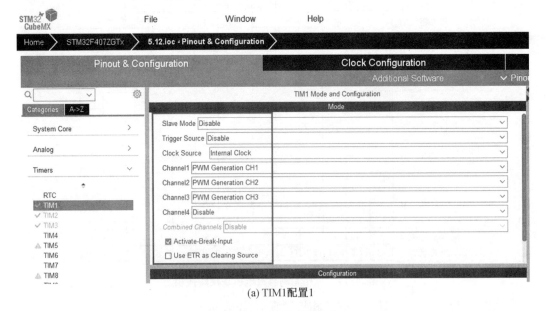

(a) TIM1配置1

图 4.16　TIM1 配置

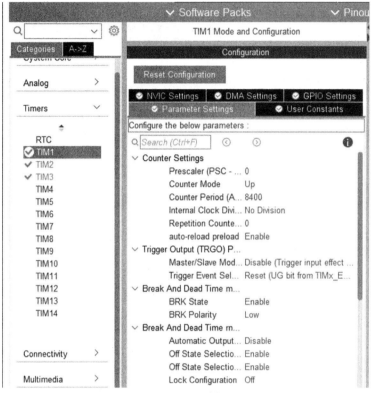

(b) TIM1配置2

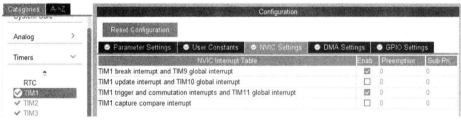

(c) TIM1配置3

续图 4.16

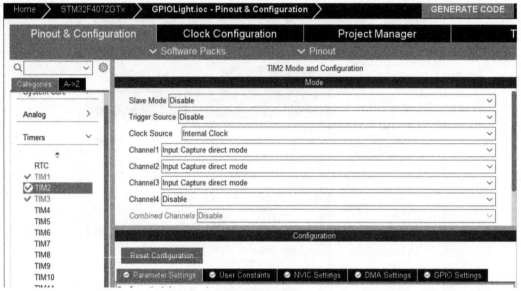

(a) TIM2配置1

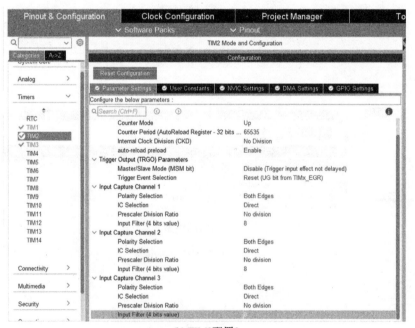

(b) TIM2配置2

图 4.17   TIM2 配置

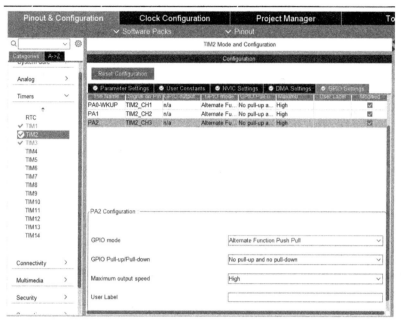

(c) TIM2配置3

续图 4.17

完成以上配置后,生成 Keil 工程,再补充相应的代码即可实现电机转动控制,电机正转参考代码如下:

```
int A = HAL_GPIO_ReadPin(GPIOA, GPIO_PIN_1) * 100;

    int B = HAL_GPIO_ReadPin(GPIOA, GPIO_PIN_2) * 10;

    int C = HAL_GPIO_ReadPin(GPIOA, GPIO_PIN_3);

    int Hall_State = 0;

    switch(A+B+C)

    {

        case 001:Hall_State = 1; break;

        case 010:Hall_State = 2; break;

        case 011:Hall_State = 3; break;

        case 100:Hall_State = 4; break;

        case 101:Hall_State = 5; break;

        case 110:Hall_State = 6; break;

    }

    switch(Hall_State)

    {

    case 1: HAL_GPIO_WritePin(GPIOB, GPIO_PIN_1, GPIO_PIN_RESET); //T_4、T_5

        HAL_GPIO_WritePin(GPIOB, GPIO_PIN_2, GPIO_PIN_RESET);
```

```
        HAL_GPIO_WritePin(GPIOB, GPIO_PIN_3, GPIO_PIN_RESET);
        HAL_GPIO_WritePin(GPIOB, GPIO_PIN_4, GPIO_PIN_SET);
        HAL_GPIO_WritePin(GPIOB, GPIO_PIN_5, GPIO_PIN_SET);
        HAL_GPIO_WritePin(GPIOB, GPIO_PIN_6, GPIO_PIN_RESET);
case 2: HAL_GPIO_WritePin(GPIOB, GPIO_PIN_1, GPIO_PIN_RESET); //T₂、T₅
        HAL_GPIO_WritePin(GPIOB, GPIO_PIN_2, GPIO_PIN_SET);
        HAL_GPIO_WritePin(GPIOB, GPIO_PIN_3, GPIO_PIN_RESET);
        HAL_GPIO_WritePin(GPIOB, GPIO_PIN_4, GPIO_PIN_RESET);
        HAL_GPIO_WritePin(GPIOB, GPIO_PIN_5, GPIO_PIN_SET);
        HAL_GPIO_WritePin(GPIOB, GPIO_PIN_6, GPIO_PIN_RESET);
case 3: HAL_GPIO_WritePin(GPIOB, GPIO_PIN_1, GPIO_PIN_RESET); //T₂、T₃
        HAL_GPIO_WritePin(GPIOB, GPIO_PIN_2, GPIO_PIN_SET);
        HAL_GPIO_WritePin(GPIOB, GPIO_PIN_3, GPIO_PIN_SET);
        HAL_GPIO_WritePin(GPIOB, GPIO_PIN_4, GPIO_PIN_RESET);
        HAL_GPIO_WritePin(GPIOB, GPIO_PIN_5, GPIO_PIN_RESET);
        HAL_GPIO_WritePin(GPIOB, GPIO_PIN_6, GPIO_PIN_RESET);
case 4: HAL_GPIO_WritePin(GPIOB, GPIO_PIN_1, GPIO_PIN_RESET); //T₃、T₆
        HAL_GPIO_WritePin(GPIOB, GPIO_PIN_2, GPIO_PIN_RESET);
        HAL_GPIO_WritePin(GPIOB, GPIO_PIN_3, GPIO_PIN_SET);
        HAL_GPIO_WritePin(GPIOB, GPIO_PIN_4, GPIO_PIN_RESET);
        HAL_GPIO_WritePin(GPIOB, GPIO_PIN_5, GPIO_PIN_RESET);
        HAL_GPIO_WritePin(GPIOB, GPIO_PIN_6, GPIO_PIN_SET);
case 5: HAL_GPIO_WritePin(GPIOB, GPIO_PIN_1, GPIO_PIN_SET); //T₁、T₆
        HAL_GPIO_WritePin(GPIOB, GPIO_PIN_2, GPIO_PIN_RESET);
        HAL_GPIO_WritePin(GPIOB, GPIO_PIN_3, GPIO_PIN_RESET);
        HAL_GPIO_WritePin(GPIOB, GPIO_PIN_4, GPIO_PIN_RESET);
        HAL_GPIO_WritePin(GPIOB, GPIO_PIN_5, GPIO_PIN_RESET);
        HAL_GPIO_WritePin(GPIOB, GPIO_PIN_6, GPIO_PIN_SET);
case 6: HAL_GPIO_WritePin(GPIOB, GPIO_PIN_1, GPIO_PIN_SET); //T₁、T₄
        HAL_GPIO_WritePin(GPIOB, GPIO_PIN_2, GPIO_PIN_RESET);
        HAL_GPIO_WritePin(GPIOB, GPIO_PIN_3, GPIO_PIN_RESET);
        HAL_GPIO_WritePin(GPIOB, GPIO_PIN_4, GPIO_PIN_SET);
        HAL_GPIO_WritePin(GPIOB, GPIO_PIN_5, GPIO_PIN_RESET);
        HAL_GPIO_WritePin(GPIOB, GPIO_PIN_6, GPIO_PIN_RESET);
}
```

4.2.2　编码器测速

使用增量式编码器对电机进行测速,可以使用 STM32 的 Encoder Mode。Encoder Mode 是靠硬件来计数,不占用计算资源,但要用掉 2 个定时器,配置方法如图 4.18 所示,Counter Period = 20000-1。

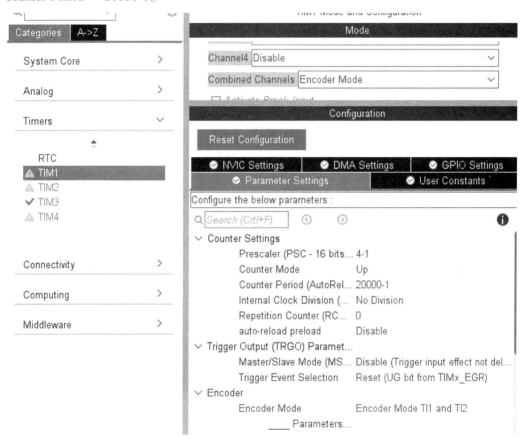

图 4.18　使用编码器的 STM32 配置方法

编写代码时,第一步使能开启计数,这里使用 TIM1 和 TIM4:

HAL_TIM_Encoder_Start(&htim1,TIM_CHANNEL_ALL);

HAL_TIM_Encoder_Start(&htim4,TIM_CHANNEL_ALL);

第二步,读计数:

motor[0].encoder_val=(uint32_t)(_HAL_TIM_GET_COUNTER(&htim1));

motor[1].encoder_val=(uint32_t)(_HAL_TIM_GET_COUNTER(&htim4));

注意:这个计数值不是无限累加的,其上限是 Counter Period,此示例填 20 000,即计数值大于 20 000 或小于 0 时会自动跳转为 0 或 20 000。

参考计数代码如下:

```
motor[0]. speed = motor[0]. encoder_val - motor[0]. last_encoder_val;

    if((motor[0]. encoder_val - motor[0]. last_encoder_val) < -18000)

motor[0]. speed = 20000 - motor[0]. last_encoder_val + motor[0]. encoder_val;

    if((motor[0]. encoder_val - motor[0]. last_encoder_val) > 18000)

motor[0]. speed = -20000 + motor[0]. encoder_val - motor[0]. last_encoder_val;

motor[1]. speed = motor[1]. encoder_val - motor[1]. last_encoder_val;

    if((motor[1]. encoder_val - motor[1]. last_encoder_val) < -18000)

motor[1]. speed = 20000 - motor[1]. last_encoder_val + motor[1]. encoder_val;

    if((motor[1]. encoder_val - motor[1]. last_encoder_val) > 18000)

motor[1]. speed = -20000 + motor[1]. encoder_val - motor[1]. last_encoder_val;
```

4.3 机器人两轮差速协调控制

在 ROS 下控制轮式机器人,只需实时通过左右轮电机的编码器测得机器人的左右轮的速度,以及通过陀螺仪测得当前机器人的角速度,就可以计算机器人的里程计信息,获得机器人当前状态下的位姿。本节做以下扩展:以小功率直流有刷电机的速度、位置闭环控制为例,电机额定功率为 7 W,工作电压为 7 ~ 12 V,额定电流为 540 mA,原始转速为 15 000 r/min,减速比为 1∶30,使用 STM32F103C8T6 控制器,以 L298N 为驱动,编码器用于测量电机速度,红外传感器用于机器人的巡线,从而实现两轮差速巡线机器人的控制。两轮差速巡线机器人的硬件连接可参考图 4.13,图 4.19 给出了两轮差速巡线机器人的程序设计流程示意图。

两轮差速巡线机器人为后驱三轮车,前面轮子为万向轮,优点是可以以轮距为中心原地旋转,缺点是速度过大,刹车时抖动比较大。图 4.20 为机器人差速驱动运动学模型示意图,C 为轮距中心,$O-xy$ 为世界坐标系,左右轮速度用 v_L 和 v_R 表示,机器人的线速度为 v。设 C 点到红外巡线点 D 距离为 l,车头则绕 R_L 旋转,也就是车头的转向速度实际上是旋转半径 R 的垂直方向,基于这一点来设计速度,可以让车头运行时更稳;使用的红外传感器是离散的 7 个固定值,可以大幅度简化上述算法。

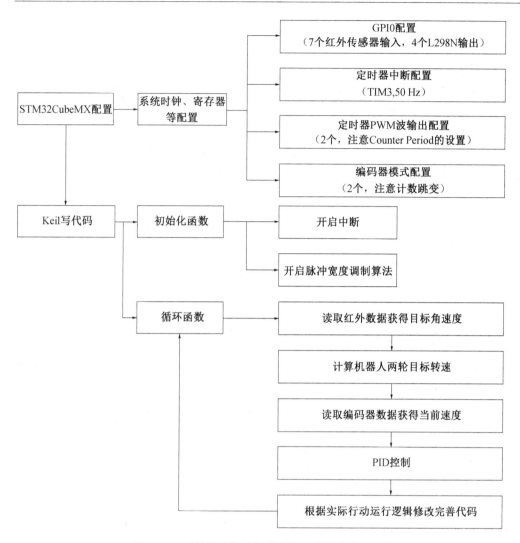

图 4.19　两轮差速巡线机器人的程序设计流程示意图

以下通过代码解析方式,分析两轮差速巡线机器人的控制方法。

①主循环函数代码如下:

```
void HAL_TIM_PeriodElapsedCallback(TIM_HandleTypeDef * htim)  //主循环函数
{
    if(htim->Instance == htim3. Instance)
    {
        //红外转向
        if(HAL_GPIO_ReadPin(GPIOB, GPIO_PIN_12))
            speed_w = 0;
        if(HAL_GPIO_ReadPin(GPIOB, GPIO_PIN_13))
            speed_w = -1;
```

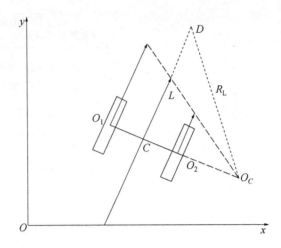

图 4.20　机器人差速驱动运动学模型示意图

```
if( HAL_GPIO_ReadPin( GPIOA, GPIO_PIN_12) )

    speed_w = 1;

if( HAL_GPIO_ReadPin( GPIOB, GPIO_PIN_14) )

    speed_w = -2;

if( HAL_GPIO_ReadPin( GPIOA, GPIO_PIN_11) )

    speed_w = 2;

if( HAL_GPIO_ReadPin( GPIOA, GPIO_PIN_10) )

    speed_w = 4;

if( HAL_GPIO_ReadPin( GPIOB, GPIO_PIN_15) )

    speed_w = -4;

//电机处理

Motor_Encoder( );　//接收编码器数据

Motor_vPID( speed_l, speed_w);　//直线速度,转弯速度

Motor_Speed( );　//输出电机速度

    }

}
```

②电机速度控制代码如下:

```
void Motor_Speed( void)　//电机速度处理,可以正反转

{

    for( int i=0;i<2;i++)

    {

        if ( motor[ i].pulse > 200)　//阈值处理,最大值取决于 TIM3 的 Counter Period

            motor[ i].pulse = 200;

        else if ( motor[ i].pulse < -200)
```

```
            motor[i]. pulse = -200;
        if( motor[i]. pulse > 0 )
            motor[i]. dir = 0;   //正转
        else if( motor[i]. pulse < 0 )
            {
                motor[i]. pulse = -motor[i]. pulse;
                motor[i]. dir = 1;   //反转
            }
        Motor_Output( i );
    }
}
```

③编码器数值处理代码如下：

```
void Motor_Encoder( void )
{
    motor[0]. last_encoder_val = motor[0]. encoder_val;
    motor[1]. last_encoder_val = motor[1]. encoder_val;
    motor[0]. encoder_val = ( uint32_t)( __HAL_TIM_GET_COUNTER( &htim1 ) );
    motor[1]. encoder_val = ( uint32_t)( __HAL_TIM_GET_COUNTER( &htim4 ) );
    motor[0]. speed = motor[0]. encoder_val - motor[0]. last_encoder_val;   //编码器值过零处理
        if( ( motor[0]. encoder_val - motor[0]. last_encoder_val ) < -18000 )
            motor[0]. speed = 20000 - motor[0]. last_encoder_val + motor[0]. encoder_val;   //其中
"20000"等于 TIM1、TIM4 的 Counter Period
        if( ( motor[0]. encoder_val - motor[0]. last_encoder_val ) > 18000 )
            motor[0]. speed = -20000 + motor[0]. encoder_val - motor[0]. last_encoder_val;   //计
数器数值大于 20 000 或小于 0 都会跳变
        motor[1]. speed = motor[1]. encoder_val - motor[1]. last_encoder_val;
            if( ( motor[1]. encoder_val - motor[1]. last_encoder_val ) < -18000 )
                motor[1]. speed = 20000 - motor[1]. last_encoder_val + motor[1]. encoder_val;
            if( ( motor[1]. encoder_val - motor[1]. last_encoder_val ) > 18000 )
                motor[1]. speed = -20000 + motor[1]. encoder_val - motor[1]. last_encoder_val;
}
```

④速度 PID 控制算法代码如下：

```
void Motor_vPID( int v, int w )   //速度 PID
{
    motor_v[0] = v + w ;   //左轮速度
```

```
    motor_v[1] = v - w;   //右轮速度
    for( int num=0; num<2; num++)
    {
        pid[num].e3 = pid[num].e2;
        pid[num].e2 = pid[num].e1;
        pid[num].e1 = motor_v[num] - motor[num].speed;
        output[num] = motor_v[num] * 3 + pid[num].Kp * pid[num].e1 +
    pid[num].Ki * (pid[num].e1+pid[num].e2+pid[num].e3) + pid[num].Kd * (pid[num].e1 -
pid[num].e2);
        if( output[num] > 600)   //限制一下最大输出
            output[num] = 600;
        else if( output[num] < -600)
            output[num] = -600;
        motor[num].pulse = output[num];
    //output 是计算结果,pulse 是实际输出脉冲,pulse/200 是 PWM 占空比
    }
}
```

第5章 轮式机器人建模与仿真

轮式机器人仿真系统可建立轮式机器人所处环境模型和轮式机器人自身模型。轮式机器人所处环境模型包括对机器人所处现实物理环境及其内部各种物体的模拟,通过建立地面、障碍物、目标物等模型支持机器人与虚拟环境的交互。轮式机器人自身模型包括机器人几何外形模型、连杆结构模型、物理结构模型、驱动器模型等。通过机器人建模系统可以实现在虚拟现实环境中构建轮式机器人模型并进行相应的测试和修改,验证其真实机械结构设计的精确度,从而减少人工计算量和实物实验成本。本章以 Gazebo 为仿真平台进行轮式机器人建模与仿真,完成 Gazebo 环境配置、3D 仿真模型建立,使用 ROS 在 Gazebo 下进行轮式机器人运动仿真。

5.1 轮式机器人仿真系统

5.1.1 轮式机器人仿真系统简介

轮式机器人仿真系统可在虚拟环境下展现轮式机器人所处的真实世界。在获取轮式机器人模型后,通过对其进行仿真,可模拟其机械结构、控制系统和运动规划,并在虚拟的仿真环境下完成轮式机器人的运动学、动力学分析,模拟其运动过程和结果,反馈各种有效的物理参数。通过在轮式机器人仿真系统中进行各种设计、开发和测试实验,可发现轮式机器人在控制系统、机械结构等方面的不足并做出及时有效的调整,减少对轮式机器人实体反复进行的无效物理实验,对轮式机器人研发有实际指导意义。

根据实现方式的不同,轮式机器人建模与仿真研究目前主要分为 3 类。

(1)基于动力学软件的联合仿真。联合仿真是应用广泛的轮式机器人建模与仿真方式,通常用动力学软件完成动力学分析,并设计控制系统来完成仿真。基于动力学软件的方法有很强的针对性,可获取精确的机械动力学分析数据。但当机械结构复杂,要在两个独立的子系统中共享机械结构、控制系统并进行交互时难以保证实时性,同时数据交互时引入的多次误差会影响仿真结果。

(2)自建轮式机器人仿真平台。自建轮式机器人仿真平台的一大优势是可根据用户需求建立仿真平台,提供了较强的灵活性和针对性。但该方式需要同时支持建模、物理仿真、控制仿真和仿真绘制等,研究者需考虑的因素过多,建立高效而完整的系统需要耗费大量时间和成本,因此这类轮式机器人仿真平台的系统化和通用性有待提高。

（3）一体化轮式机器人仿真系统。一体化轮式机器人仿真系统可以将物理仿真、控制仿真和仿真绘制等方面有机地结合在一起,方便用户专注于轮式机器人仿真而不需要关心底层物理仿真和仿真绘制部分的工作,从而大大地提高了仿真效率,因此目前国际上有许多企业和研究机构都致力于设计优秀的一体化轮式机器人仿真系统。但此类轮式机器人仿真系统通常将其底层算法进行封装,用户只能通过其给出的编程接口设计自己的轮式机器人系统,而无法修改底层算法,因此带来实现上灵活性的欠缺。

与 V-REP、RoboDK、Adams 等仿真软件相比,Gazebo 是一款非常优秀的内置物理引擎的动力学仿真软件,它是一款 3D 动态模拟器,能够在复杂的室内和室外环境中准确、有效地模拟机器人群。与游戏引擎提供高保真度的视觉模拟类似,Gazebo 提供高保真度的物理仿真和一整套传感器模型,且交互方式对用户和程序非常友好。

Gazebo 的典型用途:

①机器人运动控制算法测试。

②机器人设计与仿真。

③现实场景回归测试。

Gazebo 的主要特点:

①包含多个物理引擎。

②包含丰富的机器人模型和环境库。

③包含各种各样的传感器。

④程序设计方便。

⑤具有简单的图形界面。

5.1.2　仿真环境配置

Gazebo 通常在 ROS 环境下使用,因为 Gazebo 和 ROS 具有非常好的兼容性。元功能包 gazebo_ros_pkgs 为 Gazebo 和 ROS 之间的交互提供了平台,在 Gazebo 仿真过程中,其提供了必要的接口,使用 ROS 消息、服务和动态重新配置与 ROS 集成。

元功能包 gazebo_ros_pkgs 包含 gazebo_ros、gazebo_msgs、gazebo_plugins 等子功能包,其接口示意图如图 5.1 所示。

图 5.1　gazebo_ros_pkgs 接口示意图

gazebo_ros、gazebo_msgs、gazebo_plugins 子功能包说明如下。

①gazebo_ros：提供 ROS 插件，提供通过 ROS 与 Gazebo 接口的消息和服务发布者。

②gazebo_msgs：指消息和服务数据结构，用于 ROS 与 Gazebo 通信。

③gazebo_plugins：是独立于机器人的 Gazebo 插件，用于传感器、电机和动态可重构组件。

在 Gazebo 中，机器人的控制器通常使用程序包 ros_control 和一个简单的 Gazebo 插件适配器来完成机器人仿真。仿真、硬件、控制器和传输之间的关系参见图 5.2 所示的 ros_control 和 Gazebo 数据交互示意图。

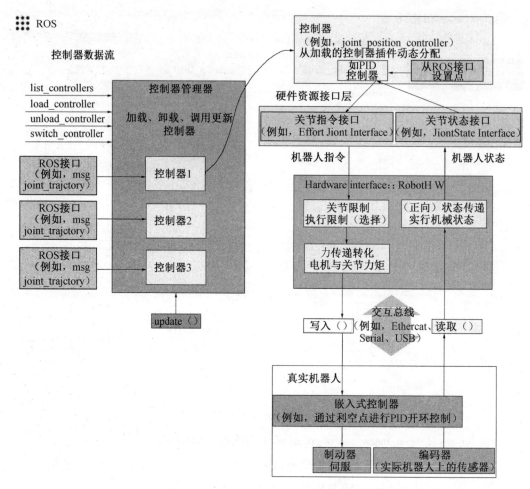

图 5.2 ros_control 和 Gazebo 数据交互示意图

通常,在安装完 ROS 后,会默认安装 Gazebo,本书使用的 ROS 版本为 Kinetic,对应的 Gazebo 版本为 7.0。以下给出安装元功能包 gazebo_ros_pkgs 和程序包 ros_control 的两种方法。

(1)方法一:

在终端中运行指令:

sudo apt-get install ros-kinetic-gazebo-ros-pkgs ros-kinetic-gazebo-ros-control

(2)方法二:

①建立一个 catkin 工作空间:

mkdir -p ~/catkin_ws/src

cd ~/catkin_ws/src

catkin_init_workspace

cd ~/catkin_ws

catkin_make

②添加. bashrc 文件在启动脚本中：

echo "source ~/catkin_ws/devel/setup. bash" >> ~/. bashrc

③从 GitHub 下载元功能包，首先确保 git 在 Ubuntu 系统下安装，如果没有安装，运行以下指令：

sudo apt-get install git

④确保已安装 Gazebo，如果没有安装，运行以下指令：

sudo apt-get install -y libgazebo7-dev

⑤从 gazebo_ros_pkgs 的 github 仓库下载源代码：

cd ~/catkin_ws/src

git clone https://github. com/ros-simulation/gazebo_ros_pkgs. git-b kinetic-devel

⑥安装 gazebo_ros_pkgs 依赖包：

rosdep update

rosdep check --from-paths . --ignore-src --rosdistro kinetic

rosdep install --from-paths . --ignore-src --rosdistro kinetic − y

⑦编译 gazebo_ros_pkgs 功能包：

cd ~/catkin_ws/

catkin_make

⑧成功安装 gazebo_ros_pkgs 后，对其进行测试，运行如下指令：

roscore &

rosrun gazebo_ros gazebo

会出现一个空的 Gazebo 界面，如图 5.3 所示。

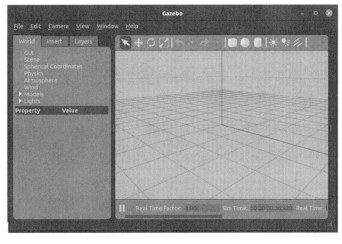

图 5.3　Gazebo 界面

以下是与 ROS 相关的话题(Topic):

rostopic list

/gazebo/link_states

/gazebo/model_states

/gazebo/parameter_descriptions

/gazebo/parameter_updates

/gazebo/set_link_state

/gazebo/set_model_state

5.2　URDF 模型

5.2.1　URDF 模型简介

URDF(Unified Robot Description Format,统一机器人描述格式)由一些不同的功能包和组件构成,是一种 XML 格式,专门用来对机器人硬件进行抽象的模型描述。使用前,需要了解 URDF 中常用的标签。图 5.4 描述了 URDF 中各组件之间的关系。

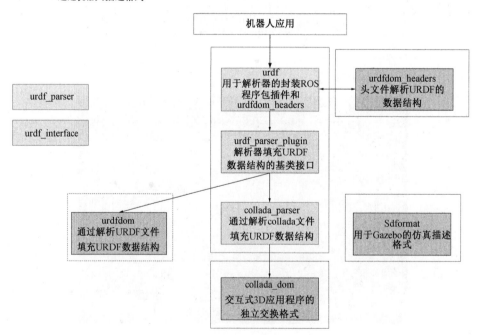

图 5.4　URDF 各组件关系示意图

1. link 单元

link 单元用于描述机器人刚体部分的惯性、视觉特征和碰撞特性,例如:尺寸(size)、颜色(color)、形状(shape)、惯性矩阵(inertial matrix)、碰撞属性(collision properties)。图5.5为link单元示意图。

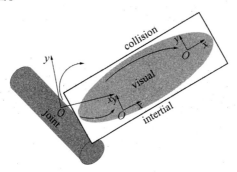

图 5.5　link 单元示意图

下面对 link 单元中可视化(visual)、碰撞(collision)、惯量(inertial)子单元分别进行介绍。

(1)可视化描述——visual 子单元。

visual 子单元用于描述 link 单元的外观参数。visual 子单元的几何基元(Geometry Primitives)包括箱体(box)、圆柱(cylinder)、球体(sphere)和几何网格(geometry meshes)。几何网格包括.stl 或.dae 格式的文件。原点(origin)定义了 link 单元与参考坐标系的相对位置(xyz 表示相对位置、rpy 表示固定轴转动角度),材料(material)可以定义 visual 子单元的颜色。

在仿真环境中进行仿真需要建立仿真实体,以下的代码片段描述了如何使用 visual 子单元表示几何实体、材质及原点。

示例1:

```
<link name = " base" >
<visual>
<geometry>
<origin xyz = "0 0 0.1" rpy = "0 0 0" />
<box size = "0.1 .2 .5"/>
</geometry>
<material name = " Cyan" >
<color rgba = "0 1.0 1.0 1.0"/>
</material>
</visual>
</link>
```

示例 2：

```
<link name="wheel">
<visual>
<geometry>
<mesh filename="package://pkg/m.dae"/>
</geometry>
</visual>
<visual>
<geometry>
<cylinder length="0.6" radius="0.2"/>
</geometry>
</visual>
</link>
```

（2）物理和碰撞描述（Physics and Collision Description）——collision 子单元和 inertial 子单元。

collision 子单元类似于 link 单元中的可视化描述，可以多次组合，为了提高运行效率，应该降低网格的分辨率。以下代码描述了如何添加 collision 子单元。

示例：

```
<collision>
<geometry>
<origin xyz="0 0 0.1" rpy="0 0 0"/>
<mesh filename="package://pkg/x.dae"/>
</geometry>
</collision>
```

另外一个重要的物理和碰撞描述是 inertial 子单元，inertial 子单元包含质心、质量和惯性矩阵。以下的代码描述了向几何实体中添加惯量子单元的方法。

示例：

```
<inertial>
<origin xyz="0.5 0 0" rpy="0 -1.57 0"/>
<mass value="10"/>
<inertia ixx="0.4" ixy="0.0" ixz="0.0"
iyy="0.4" iyz="0.0" izz="0.2"/>
</inertial>
```

2. joint 单元

机器人的 joint 单元在两个 link 单元之间，joint 单元的语法包含命名；joint 类型包括连续（continuous）、固定（fixed）、转动（revolute）、平移（prismatic）、平面（planar）、浮动

（floating）；joint 单元包含父（parent）、子（child）、原点（origin）和坐标轴（axis）。其中在局部关节参考坐标系中，origin 子单元是 parent 子单元的参考坐标系，axis 子单元主要用于平衡（prismatic）和旋转（revolute）关节。图 5.6 为 joint 单元示意图。

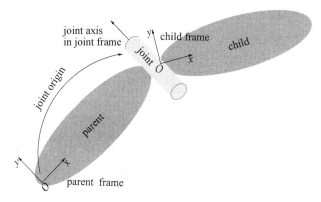

图 5.6　joint 单元示意图

在 joint 单元，先定义关节名称（要求名称唯一），之后定义关节类型以及父连杆坐标和子连杆坐标，以下示例描述了 base 和 joint 之间的关节关系。

示例：

```
<joint name = "joint1" type = "revolute">
<parent link = "base"/>
<child link = "wheel"/>
<origin xyz = "0.5 0 0" rpy = "0 0 –1.57" />
<axis xyz = "0 0 1" />
</joint>
```

（1）物理极限和动力学特征（Physical Limits and Dynamic Properties）描述——limit 子单元。

limit 子单元包含运动的上限和下限（Lower and Upper），主要是指旋转/平移（rotation/translation）运动限制、最大速度、最大驱动力。动力学子单元包含摩擦和阻尼两个参数。以下示例描述了如何仿真实体驱动力、运动限制、最大速度，以及摩擦和阻尼。

示例：

```
<limit effort = "1000.0"
lower = "0.0"
upper = "0.548"
velocity = "0.5" />
<dynamics damping = "0.1" friction = "0.1"/>
```

（2）运动学（Kinematic Properties）描述——mimic 子单元。

mimic 子单元通常是一个关节接着一个关节，按照物理顺序进行描述，其中 mimic

值:value = multiplier * other_joint_value + offset。以下示例描述了如何指定已定义的 joint 模仿已存在的 joint。

示例:

```
<joint name="joint2" type="revolute">
<mimic joint="joint1"
multiplier="0.5"
offset="0.1"/>
</joint>
```

（3）关节和驱动器之间的运动传输(Transmission between Joint and Actuator)——transmission 子单元。

transmission 子单元包含类型(type)、关节(joint)和驱动器(actuator)。

示例:

```
<transmission name="j1_transmission">
<type>sr_mechanism_model/Transmission</type>
<actuator name="J1">
<mechanicalReduction>1</mechanicalReduction>
</actuator>
<joint name="joint1">
<hardwareInterface>EffortJointInterface
</hardwareInterface>
</joint>
</transmission>
```

3. 在 Gazebo 中使用 URDF 模型时需要添加的 Gazebo 参数设置

Gazebo 参数设置主要包含参考(reference)、传感器(sensors)、插件(plugins)和附加参数(additional properties,其中包括 self cllide、gravity enable 等)。

示例:

```
<gazebo reference="forearm">
<sensor type="contact" name="arm_cont">
<contact>
<collision>arm_collision</collision>
<topic>arm_collision</topic>
</contact>
<plugin name="b" filename="libgazebo_ros_bumper. so">
<frameName>forearm</frameName>
<bumperTopicName>/arm_col</bumperTopicName>
</plugin>
```

```
</sensor>
<selfCollide>True</selfCollide>
</gazebo>
```

5.2.2　xacro 文件

xacro 文件是利用 xml 宏函数语言对 URDF 进行简化,增加了模块化,减少了模型描述的冗余,允许参数化,可以动态生成 URDF。xacro 文件内容部分包含模型定义、实例化和字符串连接,在函数定义方面,对一般变量、嵌套变量等简化了数学表达。

示例:

```
<xacro:property name="width" value=".2"/>
<cylinder radius="${width}" length=".1"/>
<link name="${robotname}s_leg" />
<cylinder radius="${diam/2}" length=".1"/>
```

对于 xacro 文件中的简化宏函数和参数化宏函数,通常包含定义和实例化两部分,有时文件中也会出现嵌套的宏函数,具体描述如下:

示例:

```
<xacro:macro name="default_origin">
<origin xyz="0 0 0" rpy="0 0 0"/>
</xacro:macro>
<xacro:default_origin />
<xacro:macro name="default_inertial" params="mass">
<inertial>
<xacro:default_origin />
<mass value="${mass}" />
<inertia ixx="0.4" ixy="0.0" ixz="0.0"
iyy="0.4" iyz="0.0" izz="0.2"/>
</inertial>
</xacro:macro>
<xacro:default_inertial mass="10"/>
```

xacro 文件中通常有些参数会自动设置为默认值,一般会为可选或重复参数提供默认值设置;对于条件语句,通常设置 0 和 1 来表示是或否;文件中可以设置命令行参数,如 xacro. py file. xacro rad:=3

示例:

```
<xacro:macro name="pos" params="x y:=0"/>
<xacro:pos x="1"/>
<xacro:if value="<expression>">
```

```
<xacro:unless value = "<expression>">
<xacro:arg name = "rad" default = "2"/>
<cylinder radius = "$(arg rad)" length = ".1"/>
```

与 URDF 相比,xacro 文件的优势:

(1)减少了冗余代码,将重复的 link 定义为宏函数,并使用参数进行调用;可以设置典型参数,如前缀、映射等。

(2)参数实体化,使用参数表示 link 的长度,使用数学来计算原点或惯量,根据长度来确定形状参数。

(3)模块化,代码放在类似于 include 头文件中,从而方便其他文件复用;将不同属性的内容分开,可以很方便地停用部分 URDF(删除 Gazebo 标签)。

5.3　Gazebo 中轮式机器人运动仿真

5.3.1　创建 Gazebo 环境模型

1.打开 Building Editor

(1)开启 Gazebo。

$ gazebo

(2)按"Ctrl"+"B"打开编辑器,进入图 5.7 所示界面。

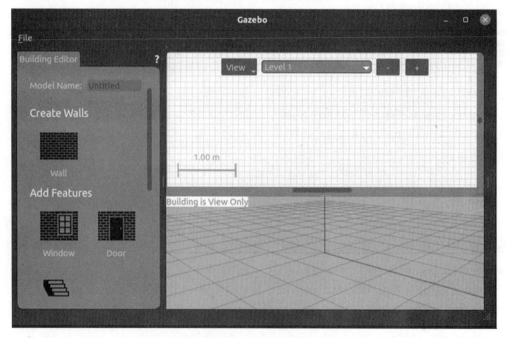

图 5.7　Gazebo 环境编辑界面

2. 图形用户窗口

编辑器由 3 部分组成(图 5.8):

(1) Palette(工具箱),在该部分可以选择建筑的特征和材料。

(2) 2D View(2D 视图),在该部分可以导入楼层平面图,编辑器会根据平面图自动嵌入墙、窗、门和台阶。

(3) 3D View(3D 视图),在该部分可预览建筑物,能够设计建筑物不同部分的颜色和纹理。

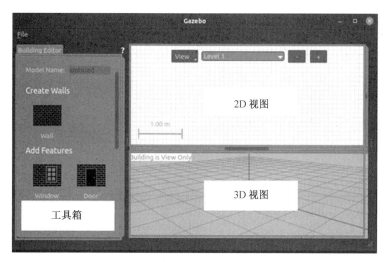

图 5.8　Gazebo 环境编辑界面组成

利用 Gazebo 环境编辑界面左上角的"Add Wall""Add Windows""Add Door""Add Stair"这 4 个控制按钮来建立仿真环境,如图 5.9 所示。

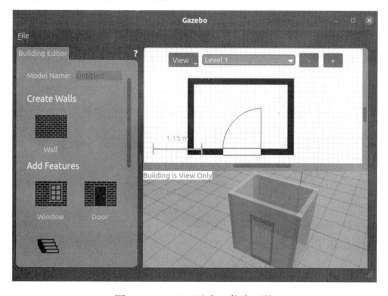

图 5.9　Gazebo 下建立仿真环境

3. 将编辑完成的建筑用于仿真

（1）在/usr/share/gazebo-7/worlds 目录下创建 filename1.world 文件，添加以下文本：

```
<? xml version="1.0" ? >
<sdf version="1.5">
  <world name="default">
    <include>
      <uri>model://ground_plane</uri>
    </include>
    <include>
      <uri>model://sun</uri>
    </include>
    <include>
      <uri>model://robot_house</uri>
    </include>
  </world>
</sdf>
```

这里需要更改 worlds 文件夹的权限：

```
$ sudo su
$ chmod -R 777   //文件夹路径
```

（2）在 gazebo_ros/launch 目录下创建名为 filename2.launch 的文件，添加如下文本：

```
<? xml version="1.0"? >
<launch>
    <! -- We resume the logic in empty_world.launch, changing only the name of the world to be launched -->
    <include file="$(find gazebo_ros)/launch/empty_world.launch">
        <arg name="world_name" value="worlds/filename2.world"/> <! -- Note: the world_name is with respect to GAZEBO_RESOURCE_PATH environmental variable -->
        <arg name="paused" value="False"/>
        <arg name="use_sim_time" value="True"/>
        <arg name="gui" value="True"/>
        <arg name="headless" value="False"/>
        <arg name="debug" value="False"/>
    </include>
</launch>
```

（3）在 gazebo_mapping_robot. launch 文件中,将 willowgarage_world. launch 替换为 filename2. launch,最终运行即可。

5.3.2　创建机器人模型

1. 创建机器人本体 robot_base. xacro

程序如下:

```
<? xml version="1.0"? >

<robot name="mbot" xmlns:xacro="http://www. ros. org/wiki/xacro">

    <! --机器人参数 -->

    <xacro:property name="M_PI" value="3. 1415"/>

    <xacro:property name="base_mass" value="30" />

    <xacro:property name="base_radius" value="0. 23"/>

    <xacro:property name="base_length" value="0. 23"/>

    <xacro:property name="wheel_mass" value="2. 3" />

    <xacro:property name="wheel_radius" value="0. 075"/>

    <xacro:property name="wheel_length" value="0. 075"/>

    <xacro:property name="wheel_joint_y" value="0. 19"/>

    <xacro:property name="wheel_joint_z" value="0. 05"/>

    <xacro:property name="caster_mass" value="0. 5" />

    <xacro:property name="caster_radius" value="0. 015"/> <! -- wheel_radius - ( base_length/2- wheel_joint_z) -->

    <xacro:property name="caster_joint_x" value="0. 18"/>

    <! -- Defining the colors used in this robot -->

    <material name="yellow">

        <color rgba="1 0. 4 0 1"/>

    </material>

    <material name="black">

        <color rgba="0 0 0 0. 95"/>

    </material>

    <material name="gray">

        <color rgba="0. 75 0. 75 0. 75 1"/>

    </material>

    <! -- Macro for inertia matrix -->

    <xacro:macro name="sphere_inertial_matrix" params="m r">
```

```
<inertial>

    <mass value=" ${m}" />

    <inertia ixx=" ${2*m*r*r/5}" ixy="0" ixz="0"

        iyy=" ${2*m*r*r/5}" iyz="0"

        izz=" ${2*m*r*r/5}" />

</inertial>

</xacro:macro>

<xacro:macro name="cylinder_inertial_matrix" params="m r h">

    <inertial>

        <mass value=" ${m}" />

        <inertia ixx=" ${m*(3*r*r+h*h)/12}" ixy = "0" ixz = "0"

            iyy=" ${m*(3*r*r+h*h)/12}" iyz = "0"

            izz=" ${m*r*r/2}" />

    </inertial>

</xacro:macro>

<! -- robot wheel -->

<xacro:macro name="wheel" params="prefix reflect">

    <joint name=" ${prefix}_wheel_joint" type="continuous">

        <origin xyz="0 ${reflect*wheel_joint_y} ${-wheel_joint_z}" rpy="0 0 0"/>

        <parent link="base_link"/>

        <child link=" ${prefix}_wheel_link"/>

        <axis xyz="0 1 0"/>

    </joint>

    <link name=" ${prefix}_wheel_link">

        <visual>

            <origin xyz="0 0 0" rpy=" ${M_PI/2} 0 0" />

            <geometry>

                <cylinder radius=" ${wheel_radius}" length = " ${wheel_length}"/>

            </geometry>

            <material name="gray" />

        </visual>

        <collision>

            <origin xyz="0 0 0" rpy=" ${M_PI/2} 0 0" />

            <geometry>
```

```
            <cylinder radius=" ${wheel_radius}" length = " ${wheel_length}"/>
        </geometry>
    </collision>
    <cylinder_inertial_matrix m=" ${wheel_mass}" r=" ${wheel_radius}" h=" ${wheel_
length}" /
        </link>
    <gazebo reference=" ${prefix}_wheel_link">
        <material>Gazebo/Gray</material>
    </gazebo>
    <! -- Transmission is important to link the joints and the controller-->
    <transmission name=" ${prefix}_wheel_joint_trans">
        <type>transmission_interface/SimpleTransmission</type>
        <joint name=" ${prefix}_wheel_joint" >
<hardwareInterface>hardware_interface/VelocityJointInterface</hardwareInterface>
        </joint>
        <actuator name=" ${prefix}_wheel_joint_motor">
<hardwareInterface>hardware_interface/VelocityJointInterface</hardwareInterface>
            <mechanicalReduction>1</mechanicalReduction>
        </actuator>
    </transmission>
</xacro:macro>
<! -- Macro for robot caster -->
<xacro:macro name=" caster" params=" prefix reflect">
    <joint name=" ${prefix}_caster_joint" type=" continuous">
        < origin xyz=" ${reflect * caster_joint_x} 0 ${-(base_length/2 + caster_
radius)}" rpy=" 0 0 0"/>
        <parent link=" base_link"/>
        <child link=" ${prefix}_caster_link"/>
        <axis xyz=" 0 1 0"/>
    </joint>
    <link name=" ${prefix}_caster_link">
        <visual>
            <origin xyz=" 0 0 0" rpy=" 0 0 0"/>
            <geometry>
```

```
                    <sphere radius=" $ {caster_radius} " />
            </geometry>
            <material name=" black" />
        </visual>
        <collision>
            <origin xyz="0 0 0" rpy="0 0 0"/>
            <geometry>
                    <sphere radius=" $ {caster_radius} " />
            </geometry>
        </collision>
        <sphere_inertial_matrix m=" $ {caster_mass} " r=" $ {caster_radius} " />
    </link>
    <gazebo reference=" $ {prefix} _caster_link">
        <material>Gazebo/Black</material>
    </gazebo>
</xacro:macro>
<xacro:macro name=" mbot_base_gazebo">
    <link name=" base_footprint">
        <visual>
            <origin xyz="0 0 0" rpy="0 0 0" />
            <geometry>
                    <box size="0.001 0.001 0.001" />
            </geometry>
        </visual>
    </link>
    <gazebo reference=" base_footprint">
        <turnGravityOff>False</turnGravityOff>
    </gazebo>
    <joint name=" base_footprint_joint" type=" fixed">
        <origin xyz="0 0 $ {base_length/2 + caster_radius * 2} " rpy="0 0 0" />
        <parent link=" base_footprint"/>
        <child link=" base_link" />
    </joint>
    <link name=" base_link">
```

```
<visual>
    <origin xyz=" 0 0 0" rpy="0 0 0" />
    <geometry>
        <cylinder length=" ${base_length}" radius=" ${base_radius}"/>
    </geometry>
    <material name="yellow" />
</visual>
<collision>
    <origin xyz=" 0 0 0" rpy="0 0 0" />
    <geometry>
        <cylinder length=" ${base_length}" radius=" ${base_radius}"/>
    </geometry>
</collision>
    <cylinder_inertial_matrix m=" ${base_mass}" r=" ${base_radius}" h=" ${base_length}" />
</link>
<gazebo reference=" base_link" >
    <material>Gazebo/Blue</material>
</gazebo>
<wheel prefix=" left" reflect=" -1"/>
<wheel prefix=" right" reflect=" 1"/>
<caster prefix=" front" reflect=" -1"/>
<caster prefix=" back" reflect=" 1" /
<! -- controller -->
<gazebo>
    <plugin name=" differential_drive_controller"
            filename=" libgazebo_ros_diff_drive. so" >
        <rosDebugLevel>Debug</rosDebugLevel>
        <publishWheelTF>True</publishWheelTF>
        <robotNamespace>/</robotNamespace>
        <publishTf>1</publishTf>
        <publishWheelJointState>True</publishWheelJointState>
        <alwaysOn>True</alwaysOn>
        <updateRate>100. 0</updateRate>
```

```
            <legacyMode>True</legacyMode>
            <leftJoint>left_wheel_joint</leftJoint>
            <rightJoint>right_wheel_joint</rightJoint>
            <wheelSeparation>${wheel_joint_y*2}</wheelSeparation>
            <wheelDiameter>${2*wheel_radius}</wheelDiameter>
            <broadcastTF>1</broadcastTF>
            <wheelTorque>30</wheelTorque>
            <wheelAcceleration>1.8</wheelAcceleration>
            <commandTopic>cmd_vel</commandTopic>
            <odometryFrame>odom</odometryFrame>
            <odometryTopic>odom</odometryTopic>
            <robotBaseFrame>base_footprint</robotBaseFrame>
        </plugin>
    </gazebo>
  </xacro:macro>
</robot>
```

2. 为机器人添加激光雷达 lidar. xacro

程序如下:

```
<? xml version="1.0"? >
<robot xmlns:xacro="http://www.ros.org/wiki/xacro" name="lidar">
    <xacro:macro name="hokuyo_lidar" params="prefix:=lidar">
<link name="hokuyo_link">
    <collision>
        <origin xyz="0 0 0" rpy="0 0 0"/>
        <geometry>
<box size="0.1 0.1 0.1"/>
    </geometry>
    </collision>
    <visual>
    <origin xyz="0 0 0" rpy="0 0 0"/>
    <geometry>
        <mesh filename="package://mbot_sim_gazebo/meshes/hokuyo.dae"/>
    </geometry>
</visual>
```

```
    <inertial>
        <mass value="1e-5" />
        <origin xyz="0 0 0" rpy="0 0 0"/>
        <inertia ixx="1e-6" ixy="0" ixz="0" iyy="1e-6" iyz="0" izz="1e-6" />
    </inertial>
</link>
<gazebo reference="lidar_link">
    <sensor type="ray" name="head_hokuyo_sensor">
        <pose>0 0 0 0 0 0</pose>
        <visualize>False</visualize>
        <update_rate>40</update_rate>
        <ray>
            <scan>
                <horizontal>
                    <samples>720</samples>
                    <resolution>1</resolution>
                    <min_angle>-1.570796</min_angle>
                    <max_angle>1.570796</max_angle>
                </horizontal>
            </scan>
            <range>
                <min>0.10</min>
                <max>30.0</max>
                <resolution>0.01</resolution>
            </range>
            <noise>
                <type>gaussian</type>
                <mean>0.0</mean>
                <stddev>0.01</stddev>
            </noise>
        </ray>
            <plugin name="gazebo_ros_head_hokuyo_controller" filename="libgazebo_ros_laser.
so">
            <topicName>/scan</topicName>
```

```
          <frameName>hokuyo_link</frameName>
        </plugin>
      </sensor>
    </gazebo>
  </xacro:macro>
</robot>
```

3. 建立机器人模型 robot. xacro

程序如下：

```
<? xml version="1.0"? >
<robot name="arm" xmlns:xacro="http://www.ros.org/wiki/xacro">
    <xacro:include filename=" $ (find mbot_sim_gazebo)/urdf/xacro/robot_base.xacro" />
    <xacro:include filename=" $ (find mbot_sim_gazebo)/urdf/xacro/robot_camera.xacro" />
    <xacro:include filename=" $ (find mbot_sim_gazebo)/urdf/xacro/robot_lidar.xacro" />
    <xacro:property name="camera_offset_x" value="0.17" />
    <xacro:property name="camera_offset_y" value="0" />
    <xacro:property name="camera_offset_z" value="0.10" />
    <xacro:property name="lidar_offset_x" value="-0.17" />
    <xacro:property name="lidar_offset_y" value="0" />
    <xacro:property name="lidar_offset_z" value="0.10" />
    <xacro:robot_base_gazebo/>
    <! --相机 -->
    <joint name="camera_joint" type="fixed">
        <origin xyz=" ${camera_offset_x} ${camera_offset_y} ${camera_offset_z}" rpy="0 0 0" />
        <parent link="base_link"/>
        <child link="camera_link"/>
    </joint>
    <xacro:usb_camera prefix="camera"/>
    <joint name="lidar_joint" type="fixed">
        <origin xyz=" ${lidar_offset_x} ${lidar_offset_y} ${lidar_offset_z}" rpy="0 0 0" />
        <parent link="base_link"/>
        <child link="lidar_link"/>
    </joint>
    <xacro:hokuyo_lidar prefix="lidar"/>
</robot>
```

4. 创建 launch 文件

程序如下：

```
<launch>
        <! -- 设置 launch 文件的参数 -->
    <arg name = "paused" default = "False"/>
    <arg name = "use_sim_time" default = "True"/>
    <arg name = "gui" default = "True"/>
    <arg name = "headless" default = "False"/>
    <arg name = "debug" default = "False"/>
    <! --启动 gazebo 仿真环境 -->
    <include file = " $ ( find gazebo_ros)/launch/empty_world. launch" >
        <arg name = "debug" value = " $ ( arg debug)" />
        <arg name = "gui" value = " $ ( arg gui)" />
        <arg name = "paused" value = " $ ( arg paused)"/>
        <arg name = "use_sim_time" value = " $ ( arg use_sim_time)"/>
        <arg name = "headless" value = " $ ( arg headless)"/>
    </include>
    <! --轮式机器人参数设置-->
    <arg name = "model" default = " $ ( find xacro)/xacro --inorder ' $ ( find mbot_sim_gazebo)/urdf/
xacro/robot. xacro'" />
    <param name = "robot_description" command = " $ ( arg model)" />
    <node name = "joint_state_publisher" pkg = "joint_state_publisher" type = "joint_state_publisher" />
    <node name = "robot_state_publisher" pkg = "robot_state_publisher" type = "robot_state_publisher" />
    <node name = "urdf_spawner" pkg = "gazebo_ros" type = "spawn_model" respawn = "False" output =
"screen"
        args = "-urdf - model robot - param robot_description"/>
</launch>
```

5.3.3　Gazebo 中的轮式机器人仿真实验

在 ROS 中的机器人仿真通常使用 Gazebo。本小节使用上文已建立的房间模型，现导入已建立的轮式机器人，在 Gazebo 中完成地图构建，同时使用该地图进行轮式机器人导航。Gazebo 中仿真环境如图 5.10 所示。

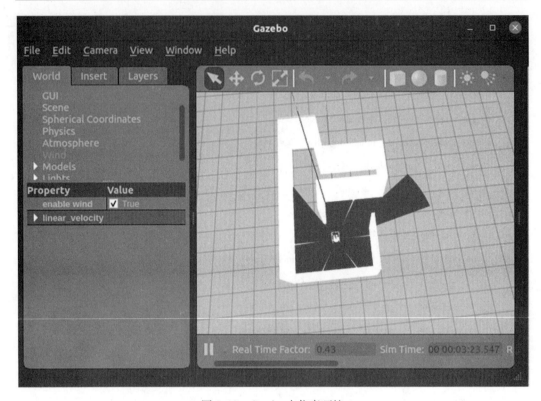

图 5.10　Gazebo 中仿真环境

1. 在 Gazebo 中启动轮式机器人

指令如下：

$ roslaunch eai_gazebo world. launch

如果要让轮式机器人在已创建的仿真环境中启动,则在上述的指令后添加启动参数 world_file：

$ roslaunch eai_gazebo world. launch world_file：=_WORLD_FILE_PATH_

将其中"_WORLD_FILE_PATH_"替换成所创建的仿真环境的路径。

2. 启动 Gmapping 建立地图,并在新窗口观察地图

指令如下：

$ roslaunch eai_gazebo gmapping. launch

$ roslaunch dashgo_rviz view_navigation. launch

RViz 中接收的数据信息如图 5.11 所示。

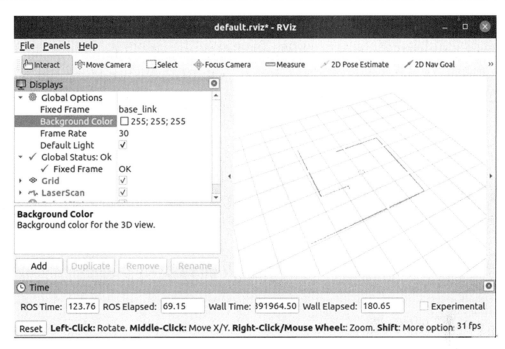

图 5.11　RViz 中接收的数据信息

3. 保存地图

指令如下：

$ roscd eai_gazebo/maps

$ rosrun map_server map_saver-f _YOUR_SAVING_PATH_

其中"_YOUR_SAVING_PATH_"为地图名称和路径。

4. 导航

关闭 gmapping. launch 和 RViz,分别在两个终端中开启导航和 RViz,指令如下：

$ roslaunch eai_gazebo gmapping. launch

$ roslaunch dashgo_rviz view_navigation. launch

第6章 轮式机器人系统软硬件架构

本章介绍轮式机器人系统的硬件架构,硬件连接,识别连接到轮式机器人系统的传感器的方法,轮式机器人系统软件安装环境及软件工程结构;结合实验案例讲解轮式机器人系统在机器人操作系统 ROS 环境下的工程创建方法、里程计校准与消息发布、陀螺仪消息获取与发送、陀螺仪与里程计消息融合、激光雷达使用及位置校准。

6.1 轮式机器人硬件架构

6.1.1 硬件连接

轮式机器人硬件系统主要由计算机、STM32、摄像头、激光雷达、陀螺仪、电机、超声波等组成,如图6.1所示。

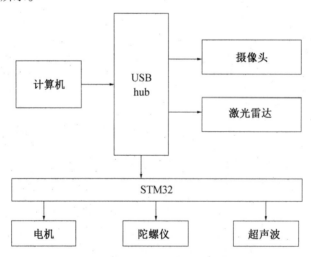

图 6.1 轮式机器人系统硬件架构框图

(1)计算机。

计算机一般搭载 Ubuntu 16.04 和 ROS 系统,它是机器人算法的核心系统,通过 USB hub 与各个模块连接通信。

① 通过串口与 STM32 模块通信,获取陀螺仪、超声波、编码器等接收的数据,并转换成相应 ROS 的消息。例如:陀螺仪数据转换成 ROS 的 sensor_msgs/IMU 消息,超声波数据转成 ROS 的 sensor_msgs/Range 消息,左右轮编码器数据转换成 ROS 的里程计消

息nav_msgs/Odometry。

② 获取激光雷达数据,结合里程计数据,用 gmapping 算法构建地图。

③ 运行导航(Navigation)避障算法,结合激光雷达、超声波、摄像头获取的数据,在导航移动过程中避开障碍物,到达指定目标点。

(2)STM32。

STM32 用于采集陀螺仪、超声波、左右轮电机编码器等传感器数据,并且控制电机的转动。

注意:虽然笔记本通过 USB hub 与所有模块连接,但 STM32、激光雷达中有 USB 转串口芯片,最终是所有模块(包括 STM32 内部)使用 TTL 串口通信,只有摄像头是通过 USB 交互数据的。

(3)激光雷达。

激光雷达是一种可以探测物体精确位置的传感器,用于探测机器人行驶过程中的路况和障碍物。

(4)摄像头。

摄像头是一种视觉传感器,用于感知各种环境信息。

(5)其他模块。

陀螺仪用于测量机器人转动的角度;超声波主要用于检测玻璃等透明障碍;机器人上安装两个电机,负责驱动两个车轮。

本书以图 6.2 给出的轮式机器人为主要设备展开实验与控制实践。

图 6.2　轮式机器人实物图

6.1.2　USB hub 串口绑定

在 Linux 中,USB 和串口都是采用热插拔的形式管理,即先插入的会识别为/dev/ttyUSB0,后插入的识别为/dev/ttyUSB1。依此类推,当激光雷达、STM32 等多个设备同时连接到系统时,就容易造成 USB 串口识别的混乱,因此需要将 USB 或串口绑定成指定的名字,如图 6.3 所示,分别将 USB hub 的 4 个口绑定为指定名字。

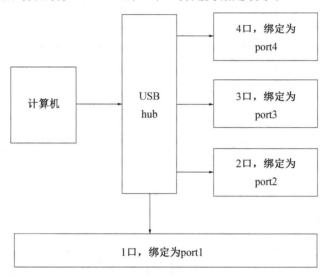

图 6.3　UBS hub 串口绑定

UBS hub 串口绑定方法如下:

① USB hub 连接计算机(需能够放在机器人上实时操控)左侧的 USB 口,将 STM32 串口连接 USB hub 的 1 口,此时在笔记本 Ubuntu 16.04 系统终端可以查看到图 6.4 所示的 STM32 串口连接情况。

```
zdh@zdh:/etc/udev/rules.d$ ls -l /dev/ttyUSB0*
crw-rw-rw- 1 root dialout 188, 0 8月   9 14:27 /dev/ttyUSB0
zdh@zdh:/etc/udev/rules.d$
```

图 6.4　STM32 串口连接情况

② 获得图 6.4 所示信息且名字为/dev/ttyUSB0,表明连接正常。输入图 6.5 所示指令,查询 USB hub 1 口的硬件信息。

```
zdh@zdh:/etc/udev/rules.d$ udevadm info -a -n /dev/ttyUSB0 |grep 'ATTRS' |grep devpath
    ATTRS{devpath}=="3.1"
    ATTRS{devpath}=="3"
    ATTRS{devpath}=="0"
zdh@zdh:/etc/udev/rules.d$
```

图 6.5　USB hub 1 口的硬件信息

在执行后的命令行中,看到 devpath 信息中有 3.1 的显示,说明 USB hub 1 口硬件连接正常。

③ 重复步骤①②,分别将激光雷达、深度摄像头、ZED 摄像头连接至 USB hub 的 2口、3 口、4 口,再分别查询硬件信息,得到:2 口为 3.2,3 口为 3.3,4 口为 3.4。

④ 创建串口绑定规则文件。

gedit hub-USB. rules

其后输入如下内容,并保存退出:

hub 串口绑定规则

SUBSYSTEM = = "tty * " , ATTRS{devpath} = = "3.1", MODE = "0666", SYMLINK+ = "port1"

SUBSYSTEM = = "tty * " , ATTRS{devpath} = = "3.4", MODE = "0666", SYMLINK+ = "port2"

SUBSYSTEM = = "tty * " , ATTRS{devpath} = = "3.2", MODE = "0666", SYMLINK+ = "port3"

SUBSYSTEM = = "tty * " , ATTRS{devpath} = = "3.3", MODE = "0666", SYMLINK+ = "port4"

⑤ 创建脚本 initenv. sh。

$ gedit initenv. sh

脚本内容为:

sudo cp hub−USB. rules /etc/udev/rules. d

sudo service udev reload

sudo service udev restart

⑥ 运行脚本 initenv. sh,将 hub-USB. rules 串口绑定规则文件拷贝到 Ubuntu 16.04 系统的/etc/udev/rules. d 目录下。

⑦ 拔插 stm32 串口,然后使用指令查询 USB hub 的绑定情况。

$ Ls −l /dev/port *

注意:

(1)要固定 USB hub 与计算机连接的 USB 口,否则 USB 口硬件信息会发生变化,从而导致绑定失败,例如 USB hub 连接计算机的 USB 口,USB hub 1 口硬件信息为 3.1,如果 USB hub 连接笔记本右侧的 USB 口,则 USB hub 1 口硬件信息可能变为 2.1,此时需要根据实际情况更改 hub−USB. rules 规则文件。

(2)每台计算机仅需绑定一次,请根据自己计算机实际情况,更改 hub-USB. rules 规则文件。绑定成功后,传感器连接到 1 口,计算机就能识别到/dev/port1,连接到 2 口,计算机就能识别到/dev/port2 口。

(3)一般情况,USB hub 1 口连接 STM32 数据线,2 口连接激光雷达数据线,3 口连接摄像头数据线。

6.2 轮式机器人软件系统

6.2.1 ROS 环境安装

计算机的操作系统是 Ubuntu 16.04，使用的 ROS 版本是 ROS Kinetic，ROS Kinetic 专门为 Ubuntu 16.04 量身定制。Ubuntu 16.04 的安装请根据网上课程实现，一般有两种方式：安装虚拟机或者安装双系统（即 Windows 系统和 Ubuntu 系统并存，但同一时间只能运行一个）。本节主要介绍如何在 Ubuntu 16.04 系统下，安装 ROS Kintic 机器人软件框架，具体步骤如下。

（1）配置 ROS 的 apt 源。ROS 可供选择的 apt 源有官方源、国内 USTC 源、新加坡源等，这里选用国内 USTC 源，安装速度快。选择国内 USTC 源的命令如下：

$ sudo sh-c'. /etc/lsb. release&& echo "deb http://mirrors. ustc. edu. cn/ros/ubuntu/ \

$ DISTRIB_CODENAME main" > /etc/apt/sources. list. d/ros. latest. list'

$ sudo apt-key adv .. keyserver hkp://ha. pool. sks. keyservers. net:80-recv-key \

421C365BD9FF1F717815A3895523BAEEB01FA116

（2）更新已有软件包。

$ sudo apt-get update

（3）安装 ROS 软件包（大概会消耗 2 GB 左右的存储空间）。

$ sudo apt-get install ros-kinetic-desktop-full

（4）配置环境变量。

$ sudo rosdep init

$ rosdep update

（5）将环境变量写入 ~/. bashrc，以便自动加载环境变量。

$ echo "source /opt/ros/kinetic/setup. bash" >> ~/. bashrc

$ source ~/. bashrc

（6）测试 ROS 安装是否成功（在终端输入"roscore"，输出如下所示内容，表示安装成功）。

... logging to /home/eaibot/. ros/log/debfb0. 9a3. 11e8. b1d. 0/roslaunch. PS3B. E6. 2146. log

Checking log directory for disk usage. This may take awhile.

Press Ctrl+C to interrupt

Done checking log file disk usage. Usage is <1GB.

started roslaunch server http://PS3B. E6:40853/

ros_comm version 1. 12. 7

SUMMARY

= = = = = = = =

PARAMETERS

＊／rosdistro：kinetic

＊／rosversion：1. 12. 7

NODES

auto. starting new master

process［master］：started with pid［2158］

ROS_MASTER_URI＝http：//PS3B. E6：11311/

setting ／run_id to deb97fb0. 90a3. 11e8. b41d. 00e35c680522

process［rosout. 1］：started with pid［2171］

started core service［／rosout］

（7）设置用户的串口读取权限（your_user_name 替换为实际用户名）。

$ sudo usermod . a . G dialout your_user_name

（8）安装依赖包。

$ sudo apt-get install git python-serial ros-kinetic-serial g++ \

ros-kinetic-turtlebot-rviz-launchers ros-kinetic-teleop-twist-keyboard \

ros-kinetic-navigation ros-kinetic-slam-gmapping ros-kinetic-teb-local-planner

6.2.2　ROS 工程结构介绍

图 6.6 所示为一个完整的 ROS 工程结构。

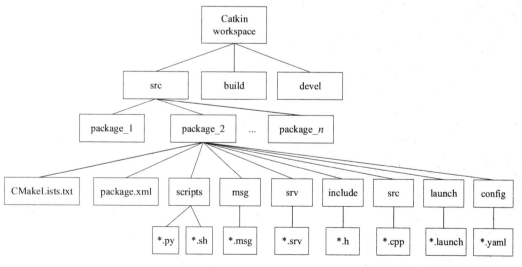

图 6.6　ROS 工程结构

图 6.6 中各文件解释：

（1）src：存放源代码，程序、各类功能包都存放于该文件夹中，需要开发者建立该文件夹。

（2）build：存放 CMake&catkin 缓存和中间文件。

（3）devel：存放目标文件，包括头文件、动态链接库、静态链接库和可执行文件。

注意：build 和 devel 文件夹，是运行 catkin_make 命令后生成的文件夹，不需要开发者建立。

（4）package：catkin 编译的基本单元，当执行编译时，递归查找每一个 package。

package 下的各文件解释：

①CMakeLists.txt：规定 catkin 编译规则，如源文件、依赖项、目标文件。运行 catkin 命令之后，系统会生成模板，可在模板中修改该文件，其文件内容一般如下：

```
cmake_minimum_required()                              //指定 catkin 最低版本
project()                                             //指定软件包的名称
find_package()                                        //指定编译时需要的依赖项
add_message_files()/add_service_files()/add_action_files() //添加消息文件/服务文件/动作文件
generate_messages()                                   //生成消息、服务、动作
catkin_package()                                      //给编译系统指定 catkin 信息，生成 CMake 文件
add_library()/add_executable()                        //指定生成库文件、可执行文件
target_link_libraties()                               //指定可执行文件去链接哪些库
catkin_add_gtest()                                    //添加测试单元
install()                                             //生成可安装目标
```

注意：编译出问题时，多半与该文件有关。

②package.xml：定义 package 的属性，例如包名、版本号、作者、依赖。一般修改该文件中的 build_depend<编译时的依赖>，run_depend<运行时的依赖>。

③scripts：存放可执行的脚本文件，如 python、shell。

④msg：自定义的消息类型 *.msg。

⑤srv：自定义的服务类型 *.srv。

⑥include：存放功能包用到的头文件。

⑦src：存放 C++代码 *.cpp 文件，也可存放 python 文件。

注意：package 中还可以存放自定义的通信格式文件，如 msg、srv、action，以及 launch、config 文件。

⑧launch：需要同时启动节点管理器(master)和多个节点时，使用该文件。

⑨config：存放配置文件，读者可自行创建 *.yaml。

本书主要使用的工程代码包存放在 HIT_Test_ws 工程中，其主要结构如下：

HIT_Test_ws　//ROS 工作空间,包含整个工程

├──── build　//编译 src 时自动生成,包含缓存信息和中间文件

├──── devel　//编译 src 时自动生成,包含生成的目标文件和 lib 库文件

└──── src　//功能包源码集合

├──── astra　//奥比中光深度摄像头 ROS 驱动包

　　├──── dashgo_description　//机器人模型功能包,主要用于在 RViz 上显示机器人

　　├──── dashgo_driver　//机器人驱动功能包,主要将 STM32 的传感器数据转换成相应
ROS 消息,以及控制底盘移动

　　├──── dashgo_nav　//配置文件和 launch 启动文件集合

　　├──── dashgo_rviz　//RViz 的配置包

　　├──── dashgo_tools　//测试脚本包

　　├──── ltme01_driver-1.0.1　//力策雷达启动包

　　├──── mapping
　　│　　　└──── gmapping　//gmapping 建图算法包

　　├──── navigation.kinetic.devel　//导航算法包集合
　　│　　├──── amcl　//蒙特卡洛定位算法
　　│　　├──── base_local_planner　//基础的局部路径规划算法
　　│　　├──── carrot_planner　//很简单的全局路径规划器
　　│　　├──── clear_costmap_recovery　//清除 costmap(代价地图)功能包并重新规划
　　│　　├──── costmap_2d　//生成代价地图功能包
　　│　　├──── dwa_local_planner　//局部路径规划功能包,使用动态窗口法
　　│　　├──── fake_localization　//主要用来做定位仿真
　　│　　├──── global_planner　//全局路径规划功能包,包含 A* 和 Dijkstra 算法
　　│　　├──── map_server　//提供地图的管理服务,包括保存和加载
　　│　　├──── move_base　//导航核心包,实现自主导航的逻辑框架
　　│　　├──── move_slow_and_clear　//低速限制功能包
　　│　　├──── nav_core　//主要是提供插件的模板
　　│　　├──── navfn　//旧的全局路径规划包
　　│　　├──── navigation　//空的
　　│　　├──── robot_pose_ekf　//综合里程计、GPS、IMU 数据,通过拓展卡尔曼滤波进行位置
　　│　　　　　　估计
　　│　　├──── rotate_recovery　//旋转清除 costmap 功能包
　　│　　├──── teb_local_planner.kinetic.devel　//局部路径规划包
　　│　　└──── voxel_grid　//三维代价地图

6.2.3 实验1:ROS 工程创建

1.实验目的

学习创建和编译 ROS 工程,学习创建 ROS package,以通过发布速度控制机器人移动为例,学习 ROS 节点发布器和订阅器的编写和编译。

2.实验内容

(1)创建一个名为 ROS_Test_ws 的工作空间。

$ mkdir –p ~/ROS_Test_ws/src   //按目录层级递归创建文件夹

$ cd ~ /ROS_Test_ws   //回到工作空间,再执行编译

$ catkin_make   //必须在工作空间内执行

(2)在 ROS_Test_ws 工作空间中创建名为 my_tutorials 的 ROS 包。

$ cd ~/ ROS_Test_ws /src

$ catkin_create_pkg my_tutorials std_msgs rospy roscpp nav_msgs

此命令的格式包括功能包的名称和依赖项;在这个示例中,功能包的名字是 my_tutorials,依赖项包括 std_msgs、rospy、roscpp、nav_msgs。其中:

①std_msgs:通信依赖,包含 ROS 的常见消息类型,表示基本数据类型和基本消息结构。

②rospy:python 语言的 ROS 接口。

③roscpp:C++语言 ROS 接口,提供一个客户端库,编写程序能够调用这些接口快速完成与 ROS 的主题、服务和参数相关的开发工作。

④nav_msgs:导航依赖。

使用 catkin_make 编译:

$ cd ~/ ROS_Test_ws /

$ catkin_make

注意:catkin_make 必须在工作空间内执行。编译后,在工作空间 HIT_Test_ws 目录下将自动创建名为 build 和 devel 的目录。

(3)添加环境变量。

一旦构建了工作空间,为了访问工作空间中的包,应该使用以下命令将工作区环境添加到系统用户环境变量.bashrc 文件中,每次都会默认加载该环境。

$ echo "source ~/ ROS_Test_ws /devel/setup.bash" >> ~/.bashrc

(4)在 my_tutorials ROS 包中创建 ROS 节点程序。

以通过发布速度消息控制机器人移动为例,在 ROS 中常用的速度消息为 geometry_msgs/Twist,格式如下:

```
$  rosmsg show geometry_msgs/Twist
geometry_msgs/Vector3 linear
    float64 x
    float64 y
    float64 z
geometry_msgs/Vector3 angular
    float64 x
    float64 y
    float64 z
```

通过 ROS 发布器将此消息发布到/cmd_vel 指定主题中,最后 ROS 订阅器接收到该主题的消息后,将消息转换成电机的速度下发至各 STM32,控制电机转动。

(5)在 ROS_Test_ws 的 my_tutorials 包中,编写发布器节点 my_teleop. cpp。

```
cd  ~/HIT_Test_ws/src/my_tutorials/src/
vim my_teleop. cpp
```

其内容为:

```
#include " ros/ros. h"
#include " geometry_msgs/Twist. h"
int main( int argc, char  * * argv)
{
    ros::init( argc, argv, " my_teleop" );
    ros::NodeHandle n;
    ros::Publisher teleop_pub = n. advertise<geometry_msgs::Twist>( "/cmd_vel", 10);
    ros::Rate loop_rate(10);
    while ( ros::ok( ))
    {
        geometry_msgs::Twist msg;
        msg. linear. x=0.3;   //设置机器人线速度为 0.3
        msg. angular. z=0.3;   //设置机器人角速度为 0.3
        teleop_pub. publish( msg);
        ros::spinOnce( );
        loop_rate. sleep( );
    }
    return 0;
}
```

至此创建了一个基于 C++的发布器。对以上内容总结如下:

①初始化 ROS 系统。

②在 ROS 网络内广播将要在 /cmd_vel 话题上发布 geometry_msgs/Twist 类型的消息。

③以 10 次/s 的频率在 /cmd_vel 上发布消息。

（6）编译订阅器节点 drvier_test.cpp 节点。

vim drvier_test.cpp

其内容为：

```cpp
#include "ros/ros.h"
#include "geometry_msgs/Twist.h"
#include "serial/serial.h"
#include <iostream>
#include <math.h>
#include <string>
#include <stdlib.h>
using namespace std;
/* 定义串口变量 */
serial::Serial ser;
/* 定义中心线速度,角速度,左轮线速度,右轮线速度 */
float vel_x,vel_w,left_vel_x,right_vel_x;
/* 定义轮子直径 */
float whccl_diameter=0.162;
/* 定义两轮子间距 */
float wheel_track=0.33;
/* 定义轮子转动一圈码盘数 */
float encoder_resolution=610;
/* 左右轮周期内转动码盘数 */
int16_t left_pwm,right_pwm;
/* 控制周期 */
float period=1/30.0;
/* 连接底盘STM32串口,波特率为115 200 */
bool connectRobot()
{
    try
    {
        ser.setPort("/dev/port1");
```

```
        ser. setBaudrate(115200);
        serial::Timeout to = serial::Timeout::simpleTimeout(1000);
        ser. setTimeout(to);
        ser. open();
        return True;
    }
    catch (serial::IOException& e)
    {
        ROS_ERROR_STREAM("unable to open serial port "<<ser. getPort()
                        <<",fail. ");
        ros::Duration(1). sleep();
        return False;
    }
}
/*将从 STM32 串口中获取的二进制字符流转换成 16 进制字符*/
string string_to_hex(const std::string& input)
{
    static const char * const lut = "0123456789ABCDEF";
    size_t len = input. length();
    std::string output;
    output. reserve(2 * len);
    for (size_t i = 0; i < len; ++i)
    {
        const unsigned char c = input[i];
        output. push_back(lut[c >> 4]);
        output. push_back(lut[c & 15]);
    }
    return output;
}
/*接收 STM32 返回的消息,并提取出有效数据 recVaildData[i] */
void RecData(uint8_t * recVaildData)
{
    int out = 0, len = 0;
    string head0 = ser. read(1);
    string head0_hex = string_to_hex(head0);
```

```
    if( head0_hex = = "FF" )
    {
        string head1 = ser. read( 1 ) ;
        string head1_hex = string_to_hex( head1 ) ;
        if( head1_hex = = "AA" )
        {
            string dataLen = ser. read( 1 ) ;
            string dataLen_hex = string_to_hex( dataLen ) ;
            sscanf( dataLen_hex. c_str( ) , "%02x" ,&len ) ;
            string dataRes = ser. read( 1 ) ;
            string dataRes_hex = string_to_hex( dataRes ) ;
            for( int i = 0 ;i<len-1 ;i++ )
            {
                string vaildData = ser. read( 1 ) ;
                string vaildData_hex = string_to_hex( vaildData ) ;
                sscanf( vaildData_hex. c_str( ) , "%02x" ,&recVaildData[ i ] ) ;
            }
            string check_sum = ser. read( 1 ) ;
            string check_sum_hex = string_to_hex( check_sum ) ;
        }
    }
}
/ * 向 STM32 中发送左右轮的速度,单位为周期内轮子要转动的码盘数 * /
void driverRobot( int16_t& left_pwm ,int16_t& right_pwm )
{
    //cout<<"left_pwm = " <<left_pwm<<" ,right_pwm = " <<right_pwm<<endl;
    uint8_t left_g = left_pwm>>8 ;
    uint8_t left_d = left_pwm&0xFF ;
    uint8_t right_g = right_pwm>>8 ;
    uint8_t right_d = right_pwm&0xFF ;
    uint8_t check_sum = ( ( uint8_t )0x05+( uint8_t )0x04+left_d+left_g+right_d+right_g )%255 ;
    char data[ 20 ] = { ( uint8_t )0xff ,( uint8_t )0xaa ,( uint8_t )0x05 ,( uint8_t )0x04 ,left_d ,left_g ,right_d ,
right_g ,check_sum } ;
    ser. write( ( const uint8_t * )data ,9 ) ;
    uint8_t responseData[ 20 ] = {0} ;
```

```
    RecData(responseData);
}
/*订阅到速度主题/cmd_vel 的 Twist 后的回调处理函数作用：将 ROS 的速度转换成左右轮电机的
速度*/
void controlCallback(const geometry_msgs::Twist::ConstPtr& msg)
{
    cout<<"in controlCallback"<<endl;
    /*从 ROS 速度消息中获取中心线速度和角速度*/
    vel_x=msg->linear.x;
    vel_w=msg->angular.z;
    /*将中心线速度和角速度分解成左右轮的线速度,角速度*/
    right_vel_x=vel_x+vel_w*(wheel_track/2.0);
    left_vel_x=vel_x-vel_w*(wheel_track/2.0);
    /*分别计算出左右轮周期内需要转的码盘数*/
    float period=30.0; left_pwm=(int16_t)((left_vel_x*period)*(encoder_resolution/(M_PI*
wheel_diameter)))); right_pwm=(int16_t)((right_vel_x*period)*(encoder_resolution/(M_PI*wheel_
diameter))));
    /*向 STM32 中发速度控制指令*/
    driverRobot(left_pwm,right_pwm);
}
int main(int argc, char **argv)
{
    ros::init(argc,argv,"driver_test");
    /*定义 ROS 节点*/
    ros::NodeHandle nh;
    if(connectRobot())
    {
        cout<<"connect robot ok"<<endl;
    }
    else
    {
        cout<<"connect robot fail"<<endl;
        return -1;
    }
    ros::Subscriber sub=nh.subscribe("/cmd_vel",1,controlCallback);
```

```
        ros::spin();
        return 0;
}
```

至此创建了一个基于 C++的订阅器。对以上内容总结如下：

①初始化 ROS 系统，并打开与 STM32 通信串口。

②订阅 cmd_vel 话题。

③进入自循环，等待消息的到达。

④当消息到达时，调用 controlCallback( )函数，将获取的机器人中心速度分别转化成机器人左右轮速度。

（7）分别修改 CMakeLists. txt 和 package. xml 文件，内容如下。

①CMakeLists. txt 内容：

```
cmake_minimum_required(VERSION 2.8.3)

project(my_tutorials)

find_package(catkin REQUIRED COMPONENTS
    geometry_msgs
    roscpp
    serial
    rospy
    std_msgs
    message_generation
)

generate_messages(
    DEPENDENCIES
    geometry_msgs
    std_msgs
)

catkin_package(
    CATKIN_DEPENDS geometry_msgs roscpp rospy std_msgs
)

include_directories(
    ${catkin_INCLUDE_DIRS}
)

add_executable(my_teleop src/my_teleop.cpp)

add_dependencies(my_teleop ${my_tutorials_EXPORTED_TARGETS})

target_link_libraries(my_teleop ${catkin_LIBRARIES})
```

add_executable（driver_test src/driver_test.cpp）

add_dependencies（driver _ test　$\{$ $\{$ PROJECT _ NAME $\}$ _ EXPORTTED _ TARGETS $\}$　$\{$ catkin _ EXPORTED_TARGETS $\}$)

target_link_libraries（driver_test　$\{$ catkin_LIBRARIES $\}$)

②package.xml 内容：

```xml
<? xml version = "1.0"? >
<package format = "2" >
  <name>my_tutorials</name>
  <version>0.0.0</version>
  <description>The my_tutorials package</description>
  <maintainer email = " eaibot@ todo. todo" >eaibot</maintainer>
  <license>TODO</license>
  <buildtool_depend>catkin</buildtool_depend>
  <build_depend>geometry_msgs</build_depend>
  <build_depend>roscpp</build_depend>
  <build_depend>rospy</build_depend>
  <build_depend>std_msgs</build_depend>
  <build_depend>serial</build_depend>
  <build_export_depend>geometry_msgs</build_export_depend>
  <build_export_depend>roscpp</build_export_depend>
  <build_export_depend>rospy</build_export_depend>
  <build_export_depend>std_msgs</build_export_depend>
  <exec_depend>geometry_msgs</exec_depend>
  <exec_depend>roscpp</exec_depend>
  <exec_depend>rospy</exec_depend>
  <exec_depend>std_msgs</exec_depend>
  <exec_depend>serial</exec_depend>
  <export>
  </export>
</package>
```

（8）编译 ROS 工程。

cd ROS_Test_w/

catkin_make

（9）运行 ROS 节点。

rosrun my_tutorials　driver_test.cpp　//运行订阅器

rosrun my_tutorials   my_teleop. cpp   //运行发布器

6.2.4 ROS里程计消息发布

里程计可获得机器人从初始位姿到终点位姿,行走了多少距离,方向转动了多少度。里程计通过获取左右轮编码器返回的值计算得到相关信息,在建图时,用于估计机器人位置。本节将了解如何校准里程计;主机(装有 ROS 的计算机或工控机)如何从 STM32 模块获取编码器数据,并且将编码器数据计算转换成 ROS 的里程计 odom 数据。图 6.7 为机器人运动模型示意图。

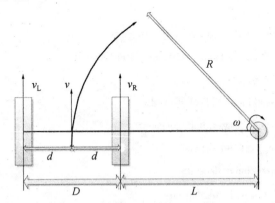

图 6.7   机器人运动模型示意图

ROS 端给机器人底盘发送的是机器人中心的线速度 v 和角速度 ω,而底盘控制需要的是左右轮的速度控制,因此以下推导它们之间的关系:

$$v_{\mathrm{L}} = \omega(L+D) = \omega(R+d) = v+\omega d \tag{6.1}$$

$$\theta' = \mathrm{yaw}(\mathrm{IMU}) \tag{6.2}$$

$$v_{\mathrm{R}} = \omega(L+D) = \omega \cdot (R+d) = v+\omega d \tag{6.3}$$

$$v = \omega R = \omega(R+d) = \frac{v_{\mathrm{R}}+v_{\mathrm{L}}}{2} \tag{6.4}$$

式中   IMU——惯性测量单元测得的角度;

   θ'——取 IMU 的偏航角;

   yaw——偏航角。

里程计的计算是指以机器人启动程序时刻为世界坐标系的起点(机器人的航向角是世界坐标系 x 正方向),开始累积计算任意时刻机器人在世界坐标系下的位姿。通常里程计的计算方法是速度积分推算;通过左右轮电机的编码器测得机器人左右轮的速度 v_{L} 和 v_{R},在一个短的时刻 Δt 内,认为机器人是匀速运动,并且根据上一时刻机器人的航向角计算得出机器人在该时刻内世界坐标系上 x 轴和 y 轴的增量,然后将增量进行累加处理。根据图 6.8 可以计算机器人某一时刻的位姿。已知 $t-1$ 时刻机器人位姿状态 (x,y,θ),计

算 t 时刻机器人位姿状态 (x', y', θ')：

$$x' = x + \Delta x \tag{6.5}$$

$$x' = v_x \cdot \Delta t \cdot \cos\theta_{t-1} \tag{6.6}$$

$$y' = y + \Delta y \tag{6.7}$$

$$y' = v_y \cdot \Delta t \cdot \sin\theta_{t-1} \tag{6.8}$$

$$\theta' = \mathrm{yaw}(\mathrm{IMU}) \tag{6.9}$$

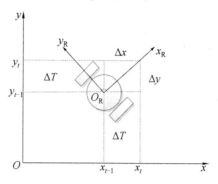

图 6.8　里程计计算示意图

按周期（30 ms）获取 STM32 上传的左右轮子码盘数，然后将当前时刻码盘值减去上一时刻码盘值推算出机器人这一周期内行走的距离和转动的角度，最后再构建 ROS nav_msgs/Odometry 消息，发布到/odom 主题中。

其中 nav_msgs/Odometry 消息结构如下：

std_msgs/Header header

 uint32 seq

 time stamp

 string frame_id

string child_frame_id

geometry_msgs/PoseWithCovariance pose

geometry_msgs/Pose pose

geometry_msgs/Point position　　//x、y、z 轴位置

  float64 x

  float64 y

  float64 z

geometry_msgs/Quaternion orientation　　//位姿方向,用四元数表示

  float64 x

  float64 y

  float64 z

```
        float64 w
    float64[36] covariance
geometry_msgs/TwistWithCovariance twist
geometry_msgs/Twist twist
geometry_msgs/Vector3 linear
        float64 x
        float64 y
        float64 z
geometry_msgs/Vector3 angular
        float64 x
        float64 y
        float64 z
    float64[36] covariance
```

odom 里程计发布的源码在 HIT_Test_ws/src/dashgo_drvier 包中,其部分关键代码解析如下:

```
/*里程计 odom 消息发布器*/
odomPub = nh. advertise<nav_msgs::Odometry>("odom",5);
/*获取左右轮编码器值*/
get_encoder(leftEncode,rightEncode);
    //cout<<"left_enc = "<<leftEncode<<" ,right_enc = "<<rightEncode<<endl;
/*计算左轮在这周期内移动的距离*/
    /*编码器值范围为 0 ~ 65 535。前进时,编码器从 0 开始累加,一旦超过 65 535 就会溢出,重
新置 0;后退时,编码器值减小,小于 0 时溢出,置为 65 535,然后再逐渐减小*/
    if(leftEncode. last_leftEncode>encoder_max/2)
        {dleft = 1. 0 * (leftEncode. last_leftEncode. encoder_max)/(encoder_resolution/(M_PI * wheel_di-
ameter));
        }
        else if(leftEncode. last_leftEncode< . encoder_max/2)
        {
dleft = 1. 0 * (leftEncode. last_leftEncode+encoder_max)/(encoder_resolution/(M_PI * wheel_diame-
ter));
        }
        else
        {dleft = 1. 0 * (leftEncode. last_leftEncode)/(encoder_resolution/(M_PI * wheel_diameter));
        }
```

/ * 计算左右轮这周期内移动的距离 * /

if(rightEncode. last_rightEncode>encoder_max/2)

　　| dright = 1. 0 * (rightEncode. last_rightEncode. encoder_max) / (encoder_resolution/ (M_PI * wheel _diameter)) ;

　　|

　　else if(rightEncode. last_rightEncode< . encoder_max/2)

　　| dright = 1. 0 * (rightEncode. last_rightEncode+encoder_max) / (encoder_resolution/ (M_PI * wheel_ diameter)) ;

　　|

　　else

　　| dright = 1. 0 * (rightEncode. last_rightEncode) / (encoder_resolution/ (M_PI * wheel_diameter)) ;

　　|

last_leftEncode = leftEncode ;

last_rightEncode = rightEncode ;

dxy_center = (dleft+dright) /2. 0 ;　//计算机器人中心行走距离

dw_center = (dright-dleft) /wheel_track ;　//计算机器人中心转动的弧度

　　//cout<<" * * * dxy_center = "<<dxy_center<<" , dw_center = "<<dw_center<<endl ;

　　/ * 计算出机器人中心的线速度和角速度 * /

vxy_center = dxy_center/0. 1 ;

vw_center = dw_center/0. 1 ;

　　|　/ * 分别计算出机器人在这周期内的 x 轴和 y 轴距离增量,并累加 * /

if(dxy_center ！ =0)

current_dx += cos(current_dw+dw_center/2. 0) * dxy_center ;

current_dy += sin(current_dw+dw_center/2. 0) * dxy_center ;

　　|

if(dw_center ！ =0)

　　|

current_dw += dw_center ;

　　|

/ * 指定里程计消息坐标系为 odom,它的子坐标系为机器人坐标系 base_footprint

　　对 ROS odom 消息进行赋值 * /

odom. header. frame_id = " odom" ;

odom. child_frame_id = " base_footprint" ;

odom. header. stamp = ros∶∶Time∶∶now( ) ;

odom. pose. pose. position. x = current_dx ;

odom. pose. pose. position. y = current_dy;

odom. pose. pose. position. z = 0;

/ * 将转动的角度 current_dw,变换成四元数表示 * /

odom_quaternion. x = 0;

odom_quaternion. y = 0;

/ * 由欧拉角转四元数公式可以得到 * /

odom_quaternion. z = sin(current_dw/2. 0);

odom_quaternion. w = cos(current_dw/2. 0);

odom. pose. pose. orientation = odom_quaternion;

odom. twist. twist. linear. x = vxy_center;

odom. twist. twist. linear. y = 0;

odom. twist. twist. angular. z = vw_center;

/ * 协方差矩阵,如果在此不初始化,有可能导致 robot_pose_ekf 在卡尔曼滤波时出错 * /

for(int i = 0;i<36;i++)

 {

odom. pose. covariance[i] = ODOM_POSE_COVARIANCE[i];

 }

for(int i = 0;i<36;i++)

 {

odom. twist. covariance[i] = ODOM_TWIST_COVARIANCE[i];

 }

/ * 如果不打算融合陀螺仪,则需要在此发布 tf(坐标系转换),否则由 robot_pose_ekf 发布里程计的 tf * /

if(useImu == False)

 {

  //cout<<" not use imu" <<endl;

/ * 发布 odom 与 base_footprint 的 tf 转换关系 * /

odom_transform. header. stamp = ros∶∶Time∶∶now( );

odom_transform. header. frame_id = " odom" ;

odom_transform. child_frame_id = " base_footprint" ;

odom_transform. transform. translation. x = current_dx;

odom_transform. transform. translation. y = current_dy;

odom_transform. transform. translation. z = 0. 0;

odom_transform. transform. rotation = odom_quaternion;

odomBroadcaster. sendTransform(odom_transform);

```
                      }
odomPub. publish( odom);
```

6.2.5　实验 2：里程计的校准

1. 实验目的

理解和学习 ROS 里程计的发布。

本实验以 HIT_Test_ws ROS 工程为准,验证在实际环境中,机器人行走特定距离(1 m)和转动特定角度(原地转动 360°)时,里程计 odom 消息数据是否正确,IMU(Inertial Measurement unit,惯性测量单元)消息数据是否正确。

2. 校准策略

(1)优先校准走 1 m 直线,这个误差达到要求后再校准转动角度。

(2)校准走 1 m 直线:实际运行超过 1 m 时,调小校准系数;实际运行不足 1 m 时,调大校准系数。

(3)校准原地转动 360°:实际转动超过 360°时,调小轮子间距;实际转动不足 360°时,调大轮子间距。

注意:正常情况,测量值正确时,各参数仅需细微调试,如果测试结果差距很大,例如要求走 1 m 时,却只走了 80 cm,此时需要先考虑 wheel_diameter 和 encoder_resolution 这些参数是否测量正确,之后再考虑校准系数。

步骤 1:启动底盘驱动 launch。

roslaunch dashgo_driver driver_imu. launch

步骤 2:人为推动机器人直行 1 m,观察 odom 消息是否正确;人为原地转动机器人 360°,观察 IMU 消息数据是否正确。或者使用开源轮式机器人提供的 dashgo_tools/check _linear_imu. py 测试直行和转动脚本,实现测试,本实验使用的即是该方法。

步骤 3:确保步骤 1 中底盘驱动已启动,分别运行如下脚本测试。

①测试 1:校准走 1 m 直线。

$ rosrun dashgo_tools check_linear_imu. py

在此需要观察 odom 数据变化,并与实际测量情况比对,正常情况误差要在 ±1% 内。执行如下命令,可以看到如图 6.9 所示的 odom 数据。

$ rostopic echo /odom

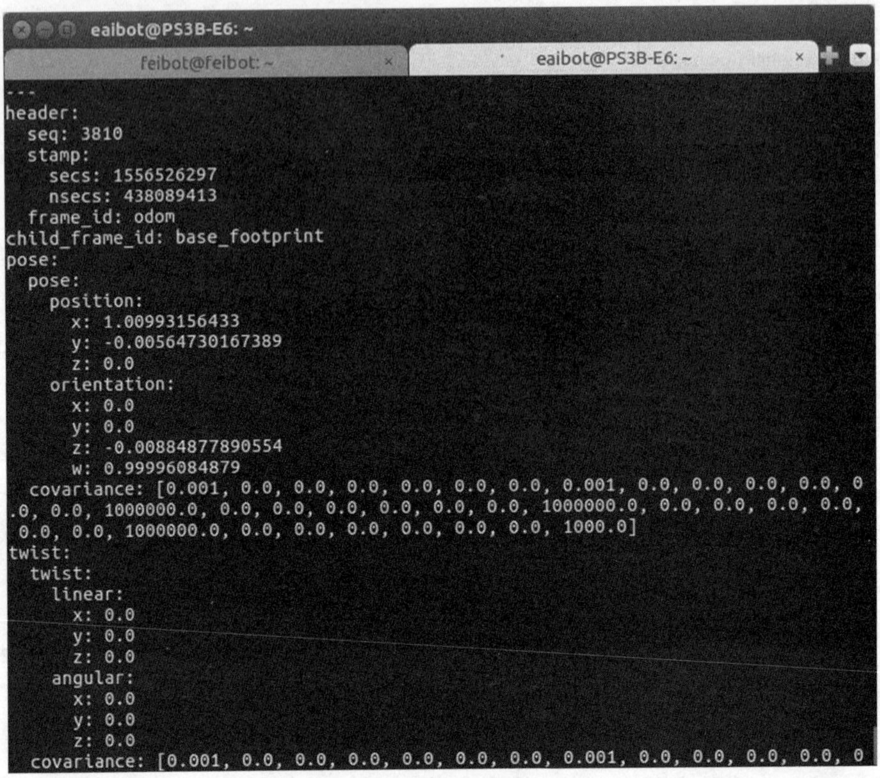
eaibot@PS3B-E6: ~
feibot@feibot: ~
eaibot@PS3B-E6: ~
---
header:
seq: 3810
stamp:
secs: 1556526297
nsecs: 438089413
frame_id: odom
child_frame_id: base_footprint
pose:
pose:
position:
x: 1.00993156433
y: -0.00564730167389
z: 0.0
orientation:
x: 0.0
y: 0.0
z: -0.00884877890554
w: 0.99996084879
covariance: [0.001, 0.0, 0.0, 0.0, 0.0, 0.0, 0.0, 0.001, 0.0, 0.0, 0.0, 0.0, 0
.0, 0.0, 1000000.0, 0.0, 0.0, 0.0, 0.0, 0.0, 0.0, 1000000.0, 0.0, 0.0, 0.0, 0.0,
0.0, 0.0, 1000000.0, 0.0, 0.0, 0.0, 0.0, 0.0, 0.0, 1000.0]
twist:
twist:
linear:
x: 0.0
y: 0.0
z: 0.0
angular:
x: 0.0
y: 0.0
z: 0.0
covariance: [0.001, 0.0, 0.0, 0.0, 0.0, 0.0, 0.0, 0.001, 0.0, 0.0, 0.0, 0.0, 0

图 6.9　odom 数据

②测试 2:校准原地转动 360°。输入以下命令:

```
$ rosrun dashgo_tools check_angular_imu. py
```

在此需要观察 IMU 数据(图 6.10)变化,并与实际测量情况比对,正常情况误差要在 1% 内。输入以下命令,可以看到如图 6.11 所示的 IMU 数据。

```
$ rostopic echo /imu_angle
```

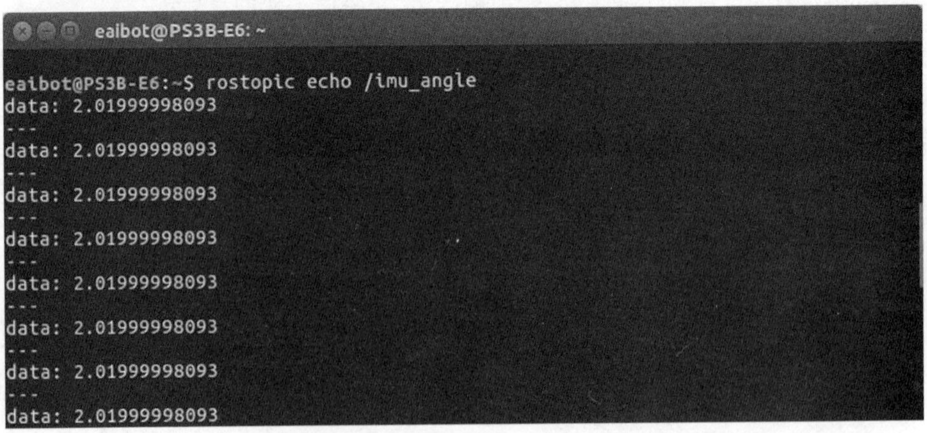
eaibot@PS3B-E6: ~
eaibot@PS3B-E6:~$ rostopic echo /imu_angle
data: 2.01999998093
---
data: 2.01999998093
---
data: 2.01999998093
---
data: 2.01999998093
---
data: 2.01999998093
---
data: 2.01999998093
---
data: 2.01999998093
---
data: 2.01999998093

图 6.10　IMU 数据

如果误差过大,可以调整底盘的轮子直径、两个动力轮的轮间距。这几个值在 ~/ dashgo_ws/src/dashgo/dashgo_driver/config/my_dashgo_params. yaml 中。

wheel_diameter: 0.162　//轮子直径,测量得到,为固定值

wheel_track: 0.34　//两个动力轮的轮间距,测量得到,需要微调

encoder_resolution: 610　//轮子转动一圈码盘数,先测量得到,为固定值

gear_reduction: 1.0　#校准系数,用于校准走 1 m 直线,需要微调

6.2.6　陀螺仪消息的获取与发送

陀螺仪用于测量转动的角度,精度较高,主要用来与里程计融合,提高角度的准确度和机器人的鲁棒性。本模块学习如何从 STM32 模块获取陀螺仪数据,并转化成 ROS sensor_msgs/IMU 消息发布出来,其中 ROS IMU 消息结构为:

$ rosmsg show sensor_msgs/IMU　//查看 ROS IMU 消息类型

std_msgs/Header header

　uint32 seq

　time stamp

　string frame_id

geometry_msgs/Quaternion orientation　//旋转的角度,用四元数表示

　float64 x

　float64 y

　float64 z

　float64 w

float64[9] orientation_covariance

geometry_msgs/Vector3 angular_velocity　//角速度

　float64 x

　float64 y

　float64 z

float64[9] angular_velocity_covariance　//角速度协方差

geometry_msgs/Vector3 linear_acceleration　//线加速度

　float64 x

　float64 y

　float64 z

float64[9] linear_acceleration_covariance　//线加速度协方差

其完整代码在 HIT_Test_ws/src/dashgo_driver 包中,其关键代码解析如下:

imuPub=nh. advertise<sensor_msgs::Imu>("imu",5);

imuAnglePub=nh. advertise<std_msgs::Float32>("imu_angle",5);

```
/*定义 ROS IMU 消息变量和四元数变量*/
sensor_msgs::Imuimu_data;
geometry_msgs::Quaternion imu_quaternion;
/*获取陀螺仪角度值和角速度*/
get_imu(imu_angle,yaw_vel);
cout<<"imu_angle="<<imu_angle<<",yaw_vel="<<yaw_vel<<endl;
/*指定 IMU 的 tf 坐标系为 imu_frame_id*/
imu_data.header.stamp=ros::Time::now();
imu_data.header.frame_id="imu_base";
/*设置协方差*/
imu_data.orientation_covariance[0]=1000000;
imu_data.orientation_covariance[1]=0;
imu_data.orientation_covariance[2]=0;
imu_data.orientation_covariance[3]=0;
imu_data.orientation_covariance[4]=1000000;
imu_data.orientation_covariance[5]=0;
imu_data.orientation_covariance[6]=0;
imu_data.orientation_covariance[7]=0;
imu_data.orientation_covariance[8]=1000000;
/*将陀螺仪的角度值转换成四元数表示*/
imu_quaternion.x=0.0;
imu_quaternion.y=0.0;
imu_quaternion.z=sin(.1*imu_angle*3.1416/(180*2.0));
imu_quaternion.w=cos(.1*imu_angle*3.1416/(180*2.0));
imu_data.orientation=imu_quaternion;
imu_data.linear_acceleration_covariance[0]=.1;
imu_data.angular_velocity_covariance[0]=.1;
imu_data.angular_velocity.x=0.0;
imu_data.angular_velocity.y=0.0;
imu_data.angular_velocity.z=yaw_vel*3.1416/(180*100);
imuPub.publish(imu_data);  //发布陀螺仪消息
/*发布陀螺仪角度值,方便调试*/
std_msgs::Float32 msg;
msg.data=.1*imu_angle;
imuAnglePub.publish(msg);
```

6.2.7　实验3:陀螺仪与里程计消息融合

由于机器人在运动过程中,可能会出现轮子打滑,地面凹凸不平、有障碍物阻拦导致轮子空转等异常情况,从而导致里程计计算出现偏差。因此需要融合陀螺仪数据进行辅助纠正,一旦检测到里程计数据有变化,而陀螺仪角度数据没变化,则认为轮子在空转,并纠正里程计数据。里程计与陀螺仪是通过扩展卡尔曼滤波算法进行融合更新的。具体参考 robot_pose_ekf ROS 包。

1. 实验目的

学习通过扩展卡尔曼滤波算法融合 odom 和 IMU 的数据。

2. 实验内容

步骤1:确保 HIT_Test_ws/src/navigation-kinetic-devel 目录中已经存在 robot_pose_ekf 扩展卡尔曼滤波 ROS 包。

步骤2:在确定 dashgo_driver.cpp 已经正确发布 IMU 消息的前提下,再修改 dashgo_driver 驱动包 driver_imu.launch 启动文件,添加如下内容:

```
<!--发布陀螺仪 IMU 与底盘 tf 关系 -->

<node pkg="tf" type="static_transform_publisher" name="imu_broadcaster" args="0 0 0 0 0 0 base_footprintimu_base 100" respawn="True" />

<node pkg="robot_pose_ekf" type="robot_pose_ekf" name="robot_pose_ekf">

<param name="output_frame" value="odom_combined"/>    //指定融合后新里程计的 tf 坐标系

<param name="base_footprint_frame" value="base_footprint"/>    //指定机器人坐标系

<param name="freq" value="10.0"/>    //消息发布频率为 10 Hz

<param name="sensor_timeout" value="1.0"/>

<param name="odom_used" value="True"/>    //使用 odom 消息数据

<param name="imu_used" value="True"/>

<param name="vo_used" value="False"/>    //不使用视觉里程计

<param name="debug" value="True"/>

<remap from="imu_data" to="imu" />

<remap from="robot_pose_ekf/odom_combined" to="odom_combined"/>    //把融合后的消息发布到
    新主题 odom_combined

</node>
```

注意:launch 文件和 yaml 文件不能有中文,否则会报错。

步骤3:启动 driver_imu.launch 底盘驱动,查看新发布的里程计 odom_combined 消息是否正常。在工控机的一个终端中输入以下命令:

```
roslaunch dashgo_driver driver_imu.launch
```

在另一个终端中监听新里程计消息,陀螺仪融合后的 odom_combined 数据如图 6.11 所示。

```
rostopic echo /odom_combined    //监听新的里程计主题 odom_combined 数据的消息
```

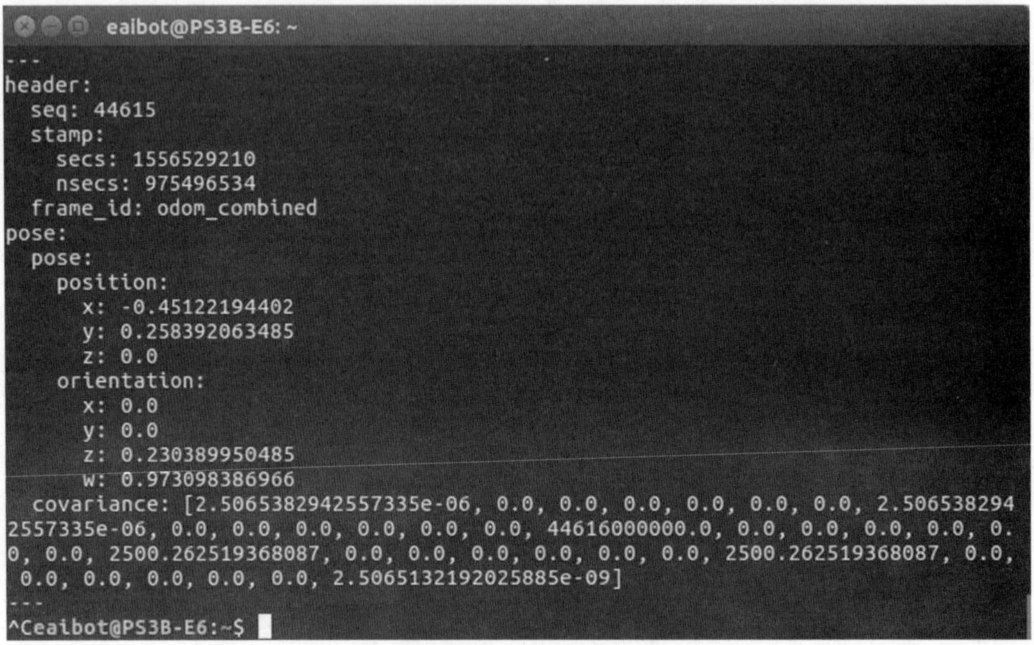

```
eaibot@PS3B-E6: ~
---
header:
  seq: 44615
  stamp:
    secs: 1556529210
    nsecs: 975496534
  frame_id: odom_combined
pose:
  pose:
    position:
      x: -0.45122194402
      y: 0.258392063485
      z: 0.0
    orientation:
      x: 0.0
      y: 0.0
      z: 0.230389950485
      w: 0.973098386966
  covariance: [2.5065382942557335e-06, 0.0, 0.0, 0.0, 0.0, 0.0, 0.0, 2.506538294
2557335e-06, 0.0, 0.0, 0.0, 0.0, 0.0, 0.0, 44616000000.0, 0.0, 0.0, 0.0, 0.0, 0.
0, 0.0, 2500.262519368087, 0.0, 0.0, 0.0, 0.0, 0.0, 0.0, 2500.262519368087, 0.0,
0.0, 0.0, 0.0, 0.0, 0.0, 2.5065132192025885e-09]
---
^Ceaibot@PS3B-E6:~$
```

图 6.11   陀螺仪融合后的 odom_combined 数据

6.3   激光雷达数据解析

本节学习如何校准激光雷达与底盘中心的距离及方向偏转角,将激光雷达的数据从激光雷达坐标系下的 laser_frame 转换到底盘中心坐标系下的 base_footprint,方便后面建图使用。

激光雷达用于测试周围环境,相对机器人哪个角度多少距离有障碍物,根据这些障碍物信息,用 gmapping SLAM 建图算法构建地图,并在导航时规划好路径,避开障碍物。

注意:底盘的中心是指底盘原地旋转的中心,即两轮子间距中心点,而不是底盘模型的中心。

激光雷达数据角度分布如图 6.12 所示(右手定则)。

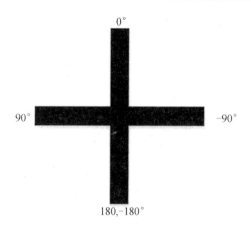

图 6.12　激光雷达数据角度分布

6.3.1　激光雷达测距原理

激光雷达是用来测量机器本体到周围障碍物之间距离和角度的传感器。激光雷达可以分为二维激光雷达和三维激光雷达。二维激光雷达只有一组激光的发射与接收装置,因此它扫描的是一个平面。三维激光雷达含有多组激光的发射与接收装置,因此扫描的是多个平面。

无论二维还是三维激光雷达,一般都由激光发射接收器和旋转装置构成。旋转装置控制激光发射接收器持续旋转,在转动过程中通过编码器获取当前的角度(电子旋转或机械旋转),这样就得到了被检测物体的相对于激光雷达的角度和距离信息。

激光雷达的发射与接收装置有两种原理:三角测距原理和飞行时间(TOF)测距原理。三角测距原理:激光器发射激光,在照射到目标物体后,反射光由 CCD 摄像头接收,由于激光器和探测器间隔了一段距离,所以依照光学路径,不同距离的物体将会成像在 CCD 摄像头的不同位置。按照三角函数公式进行计算,就能推导出其与被测物体的距离,如图 6.13 所示。

由几何知识可作相似三角形,激光器、摄像头与目标物体组成的三角形如图 6.14 所示,则由相似三角形可得

$$f/x = q/s \tag{6.10}$$

$$q = fs/x \tag{6.11}$$

从而,可求得距离 d:

$$d = q/\sin\beta \tag{6.12}$$

飞行时间(Time of Flight,TOF)测距原理(图 6.15):根据激光在空中飞行的时间乘以光速来计算距离,距离 =(光速×飞行时间)/2。

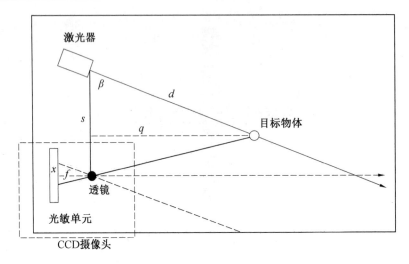

图 6.13　三角测距原理

图 6.14　TOF 测距原理

6.3.2　实验4:激光雷达使用及位置校准

1. 实验目的

学习在 ROS 中使用激光雷达,以及激光雷达位置校准方法。

2. 实验内容

步骤1:确保在 HIT_Test_ws 的 src 下已经存在激光雷达 ROS 包,以力策雷达为例,ROS 包为 ltme01_driver-1.0.1。

步骤2:修改激光雷达 ltme01_driver-1.0.1 中的 ltme01.launch 文件,添加激光雷达的 tf 位置信息。

```
<node pkg = "ltme01_driver" type = "ltme01_driver_node" name = "ltme01_driver_node" output = "screen">

<!-- 指定激光雷达的串口 -->
<param name = "device" value = "/dev/ltme01"/>

<!-- 指定激光雷达的 tf 坐标系 -->
<param name = "frame_id" value = "laser_frame"/>

<!-- 指定激光雷达的扫描角度范围为-90°~90° -->
<param name = "angle_min" value = ".1.571"/>

<param name = "angle_max" value = "1.571"/>
```

```
<! -- 激光雷达默认测距范围为 0.2 ~ 30 m -->
<! --
<param name = "range_min" value = "0.2"/>
<param name = "range_max" value = "30"/>
    -->
</node>
<! -- 激光雷达的 tf 位置参数 -->
<node pkg = "tf" type = "static_transform_publisher" name = "base_link_to_laser4"
args = "0.25 0.0 0.28 0.08 0.0 0.0 /base_footprint /laser_frame 40" />
</launch>
```

其中参数 args = "0.25 0.0 0.28 0.08 0.0 0.0 /base_footprint /laser_frame 40" />
解析:

①args 第一个参数 0.25 表示雷达中心距离底盘重心的 x 轴距离。

②args 第二个参数 0.0 表示雷达中心距离底盘重心的 y 轴距离。

③args 第二个参数 0.28 表示雷达中心距离底盘重心的 z 轴距离,该参数为虚拟的,不能改,因为会影响到导航的 costmap(G4 雷达为二维雷达,z 轴参数对雷达数据没影响,所以可以虚拟)。

④args 第四个参数 0.08 表示将雷达绕 z 轴左右偏转程度,为 yaw 偏航角。

⑤args 第五个参数 0.0 表示将雷达绕 y 轴前后翻滚程度,为 pitch 俯仰角。

⑥args 第六个参数 0.0 表示将雷达绕 x 轴左右侧滚程度,为 roll 侧滚角,该参数一般为 0.0,目前只能设为 0.0、3.14 和 3.14。

⑦/base_footprint 表示机器人坐标系。

⑧/laser_frame 表示雷达坐标系。

⑨40 表示 tf 坐标转换消息发布频率为 40 Hz。

步骤 3:单独启动激光雷达 launch,观察激光雷达数据是否正常。

```
roslaunch ltme 01_driver ltme 01. launch
```

在另一个终端中,监听激光雷达,查看是否有数据。

```
$ rostopic echo /scan
```

步骤 4:在另一个终端上启动底盘驱动节点。

```
roslaunch dashgo_driver driver_imu. launch
```

步骤 5:把底盘按图 6.15 摆放好(或者人为在底盘正前方放一个 T 形的障碍物)。

图 6.15　激光雷达校准机器人摆放图

步骤 6：在计算机上启动 RViz，观察激光雷达看到的障碍物与实际情况是否相符合。

$ roslaunch dashgo_rviz view_navigation. launch

如图 6.16 所示，将 RViz 左侧的"Displays"→"Global Options"→"Fixed Frame"选择为"odom_combined"。

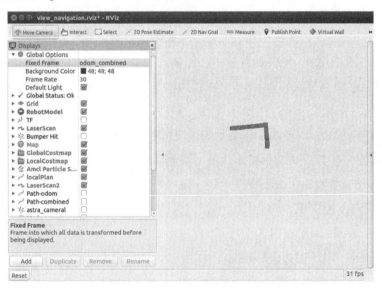

图 6.16　RViz 上观察激光数据

若从图 6.16 中激光雷达看到的障碍物与实际相符合，则雷达的 tf 参数正确，否则根据实际情况调整 tf 参数。

第7章 定位与导航

本章在轮式机器人平台上操作,实现地图构建(简称为建图)、导航功能,以先了解算法原理再通过实验案例验证算法的方式,从实践角度去理解算法的实际意义。本章使用 gmapping SLAM 和 cartographer SLAM 算法分析地图构建方法,使用 A* 全局路径规划算法与 TEB 局部路径规划算法分析和实践机器人的路径规划及导航避障,使用 AMCL 算法测试定位效果。

7.1 地图构建

本节介绍了 gmapping SLAM 和 cartographer SLAM 两种建图算法的相关知识,给出了 gmapping SLAM 建图流程、cartographer SLAM 算法构架,并将这两种建图算法在机器人平台上实践。

7.1.1 gmapping SLAM 算法构建地图

gmapping SLAM 是一种基于激光的 SLAM 算法,根据激光雷达测距数据来生成 2D 栅格地图。它已经集成在 ROS 中,是轮式机器人中使用最多的 SLAM 算法。优点:对激光雷达频率要求低、鲁棒性高,能有效利用车轮里程计信息;在构建小场景地图时,速度快、计算量小。缺点:严重依赖里程计,无法适应无人机及地面不平坦的区域,无回环(激光 SLAM 很难做回环检测);大的场景、粒子较多的情况下,特别消耗资源。gmapping SLAM 建图流程如图 7.1 所示。

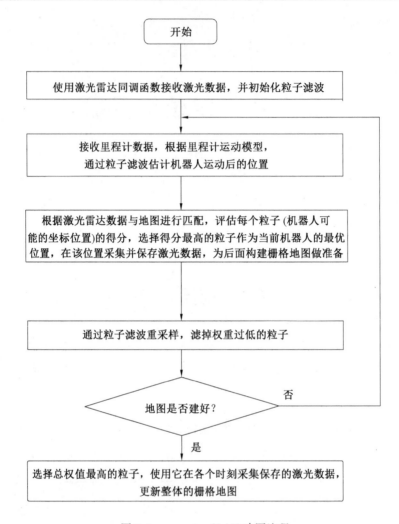

图 7.1　gmapping SLAM 建图流程

7.1.2　实验 1：使用 gmapping SLAM 算法构建地图

实验使用的 ROS 程序包在 HIT_Test_ws/src 目录下，主要包括：

（1）mapping/gmapping SLAM：建图算法。

（2）dashgo_drvier：底盘驱动。

（3）ltme01_driver-1.0.1：激光雷达驱动。

（4）dashgo_description：在 RViz 上显示底盘模型。

（5）dashgo_nav：整合建图、导航 launch 文件及参数配置文件。

（6）dashgo_rviz：保存 RViz 配置，启动 launch 观察建图。

（7）dashgo_tool：保存键盘控制等脚本。

说明：后续章节的实验均使用上述程序包。

1.实验步骤

步骤 1:通过 dashgo_nav 包中的 launch 文件,启动建图,依次输入以下命令:

$ cd ~/HIT_Test_ws

$ source devel/setup. bash

$ roslaunch dashgo_nav gmapping_imu. launch   //启动建图 launch

步骤 2:通过 dashgo_rviz 包中的 launch,打开 RViz 输入以下命令,观察地图。

$ roslaunch dashgo_rviz view_navigation. launch

步骤 3:启动键盘控制节点,控制机器人移动建图。

rosrun dashgo_tools teleop_twist_keyboard. py   //启动键盘控制节点

启动成功后,键盘"i"键表示前进,","键表示后退,"j"键表示左转,"l"键表示右转,"k"键表示停止。图 7.2 为 SLAM 构建的栅格地图。

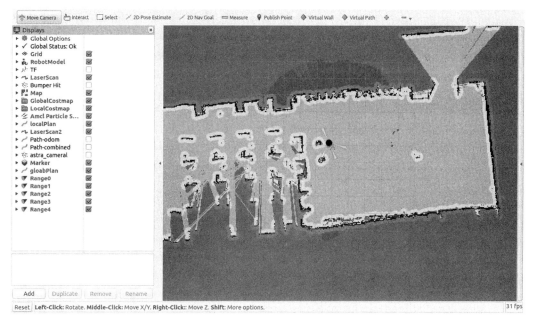

图 7.2 SLAM 构建的栅格地图

步骤 4:保持建图程序正常运行,在导航模块中,将地图保存在 dashgo_nav/maps 目录中。

$ roscd dashgo_nav/maps

$ rosrun map_server map_saver-f eai_map_imu   //保存地图为 eai_map_imu

保存的地图会生成 eai_map_imu. png 图片和 eai_map_imu. yaml 配置文件。

2.实验分析

本实验主要是通过启动 gmapping_imu. launch,并同时启动底盘驱动 launch、雷达驱动 launch、RViz 模型 launch、gmapping 建图算法 launch,其内容如下:

```
<launch>
<! -- 启动底盘驱动 launch  -->
<include file=" $ (find dashgo_driver)/launch/driver_imu. launch"/>
<! -- 启动雷达驱动 launch  -->
<include file=" $ (find ltme01_driver)/launch/ltme01. launch"/>
<! -- 启动 RViz 模型 launch  -->
<include file=" $ (find dashgo_description)/launch/dashgo_description. launch"/>
<! -- 启动 gmapping 建图算法 launch  -->
<include file=" $ (find dashgo_nav)/launch/gmapping_base. launch"/>
</launch>
```

其中,核心为 gmapping_base. launch,由它启动及配置建图算法,其内容如下:

```
<launch>
<arg name="scan_topic" default="scan" />    //指定雷达消息主题为"scan"
<arg name="base_frame" default="base_footprint"/>    //指定底盘坐标系
<arg name="odom_frame" default="odom_combined"/>    //指定里程计坐标系
<node pkg="gmapping" type="SLAM_gmapping" name="SLAM_gmapping" output="screen" respawn="True" >
<param name="base_frame" value=" $ (arg base_frame)"/>
<param name="odom_frame" value=" $ (arg odom_frame)"/>
<param name="map_update_interval" value="1"/>    //地图更新的时间间隔
<param name="maxUrange" value="8.0"/>    //雷达可用的最大有效测距值,一般情况下设置
maxUrange、< 雷达的现实实际测距值 ≤ 雷达的理论最大测距值(maxRange)
<param name="maxRange" value="10.0"/>    //maxRange 值
<param name="sigma" value="0.05"/>    //endpoint 匹配标准差
<param name="kernelSize" value="3"/>    //最多使用内核数
<param name="lstep" value="0.05"/>    //优化机器人移动的初始值(距离)
<param name="astep" value="0.05"/>    //优化机器人移动的初始角度值
<param name="iterations" value="5"/>    //扫描匹配器的迭代次数
<param name="lsigma" value="0.075"/>    //用于计算 sigma(波数可能性)
<param name="ogain" value="3.0"/>    //在评估波束可能性时使用的增益,用于平滑重采样效果
<param name="lskip" value="0"/>    //为 0,表示所有的激光都处理
<param name="minimumScore" value="30"/>    //最小匹配得分,这个参数很重要,它决定了对激
光的一个置信度,最小匹配得分越高说明对激光匹配算法的要求越高,激光的匹配也越容易失败,而若
转去使用里程计数据,最小匹配得分设得太低又会使地图中出现大量噪声,所以需要权衡调整
<param name="srr" value="0.01"/>    //运动模型的噪声参数
```

```
<param name="srt" value="0.02"/>     //运动模型的噪声参数
<param name="str" value="0.01"/>     //运动模型的噪声参数
<param name="stt" value="0.02"/>     //运动模型的噪声参数
<param name="linearUpdate" value="0.05"/>     //机器人移动 linearUpdate=0.05 m 距离,处理一次扫描
<param name="angularUpdate" value="0.0436"/>     //机器人旋转 angularUpdate 程序中的变量对应值为 0.043 6 rad,进行一次扫描
<param name="temporalUpdate" value="-1.0"/>     //如果上次扫描处理的时间早于更新时间(s),则处理扫描,小于零的值将关闭基于时间的更新
<param name="resampleThreshold" value="0.5"/>     //基于 Neff 的重采样阈值
<param name="particles" value="50"/>     //粒子个数,用于粒子滤波算法
<param name="xmin" value="-1.0"/>     //地图初始化大小
<param name="ymin" value="-1.0"/>
<param name="xmax" value="1.0"/>
<param name="ymax" value="1.0"/>
<param name="delta" value="0.05"/>     //地图的分辨率
<param name="llsamplerange" value="0.01"/>     //可能性的平移采样范围
<param name="llsamplestep" value="0.01"/>     //可能性的平移采样步骤
<param name="lasamplerange" value="0.005"/>     //角度采样范围的可能性
<param name="lasamplestep" value="0.005"/>     //角度采样步骤的可能性
<remap from="scan" to="$(arg scan_topic)"/>
</node>
</launch>
```

注:(1)launch 文件和 yaml 文件不能有中文,否则会报错。

(2) $N_{\text{eff}} = \dfrac{1}{\sum\limits_{i=1}^{N} (\tilde{w}_{t}^{(i)})^2}$,其中,$N_{\text{eff}}$ 为有效粒子个数,表示粒子权值;N 为粒子个数。通

过将 N_{eff} 与预先设定的粒子个数进行比较来决定是否重采样,一般 $N_{\text{eff}} < \dfrac{2}{3}n$ 时进行重采样。

7.1.3 cartographer SLAM 算法构建地图

cartographer SLAM 算法架构如图 7.3 所示。

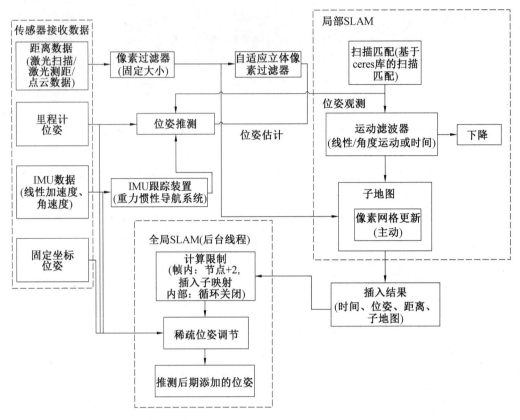

图 7.3　cartographer SLAM 算法架构

由图 7.3 可以看出,cartographer SLAM 算法主要分为两大部分:局部 SLAM（前端检测）,全局 SLAM（后端闭环）。

（1）前端部分。

①获取里程计数据和 IMU 数据,并输入位置估计器（PoseExtraPolator）算法进行航迹推算,得到机器人位置姿态,然后给到扫描匹配（Scan Matching）中作为扫描匹配的初值。

②获取的雷达 Range Data 数据经过体素滤波过滤后,进入扫描匹配作为观测值,最后经过 ceres 库优化,得到最优位置,构建 submap 子图。

（2）后端闭环部分。

将前端部分得到的一系列 submap 子图传入 Global SLAM 部分,用 Sparse Pose Adjustment 算法进行闭环检测、优化,最后得到最优地图。

cartographer SLAM 算法下载编译,参考其官网内容,网址如下:

https://google-cartographer-ros. readthedocs. io/en/latest/compilation. html

注意:cartographer SLAM 的版本变动比较大,各版本间互不兼容,若混用,在编译时容易出错。

7.1.4　实验 2:使用 cartographer SLAM 算法构建地图

步骤 1:确保在/home 目录已下载并编译好 catkin_ws 工程,并把工程路径添加到环境变量中。

$　vim ~/. bashrc

$　source /home/eaibot/catkin_ws/install_isolated/setup. bash

步骤 2:添加谷歌算法的 launch 并启动。

$　cd　~/catkin_ws/install_isolated/share/cartographer_ros/launch/

$　vim demo_dashgo. launch

添加内容如下:

<launch>

<include file=" $ (find dashgo_driver)/launch/driver_imu. launch"/>

<include file=" $ (find ltme01_driver)/launch/ltme01. launch"/>

<! --include file=" $ (find ydlidar)/launch/ydlidar1_up. launch"/-->

<include file=" $ (find dashgo_description)/launch/dashgo_description. launch"/>

<node name=" cartographer_node" pkg=" cartographer_ros"

type=" cartographer_node" args="

-configuration_directory

$ (find cartographer_ros)/configuration_files

-configuration_basename dashgo. lua"

output=" screen" >

</node>

<node name=" cartographer_occupancy_grid_node" pkg=" cartographer_ros"

type=" cartographer_occupancy_grid_node" args="-resolution 0. 05" />

</launch>

步骤 3:添加配置文件 dashgo. lua。

$　cd　~/catkin_ws/install_isolated/share/cartographer_ros/configuration_files/

$　vim dashgo. lua

添加内容如下:

include " map_builder. lua"

include " trajectory_builder. lua"

options = {

map_builder = MAP_BUILDER,

trajectory_builder = TRAJECTORY_BUILDER,

map_frame = " map",

```
tracking_frame = "base_footprint"   //机器人坐标系
published_frame = "base_footprint",
odom_frame = "odom",   //里程计坐标系
provide_odom_frame = True,
publish_frame_projected_to_2d = False,
use_odometry = True,   //使用里程计
use_nav_sat = False,
use_landmarks = False,
num_laser_scans = 1,   //使用激光雷达
num_multi_echo_laser_scans = 0,
num_subdivisions_per_laser_scan = 1,
num_point_clouds = 0,
lookup_transform_timeout_sec = 0.2,
submap_publish_period_sec = 0.3,
pose_publish_period_sec = 5e-3,
trajectory_publish_period_sec = 30e-3,
rangefinder_sampling_ratio = 1,
odometry_sampling_ratio = 1,
fixed_frame_pose_sampling_ratio = 1,
imu_sampling_ratio = 1,
landmarks_sampling_ratio = 1, }
TRAJECTORY_BUILDER_2D. use_imu_data = False    //不使用陀螺仪
MAP_BUILDER. use_trajectory_builder_2d = True
return options
```

步骤 4：启动 cartographer 谷歌算法建图。

```
$ roslaunch cartographer_ros demo_dashgo. launch
```

步骤 5：在计算机终端上启动 RViz，观察建图情况。

```
$ roslaunch dashgo_rviz view_navigation. launch
```

步骤 6：在另外一个终端中启动键盘控制节点，并控制机器人移动建图。

```
$ rosrun dashgo_tools teleop_twist_keyboard. py   //启动键盘控制移动
```

启动成功后，键盘"i"键表示前进，","键表示后退，"j"键表示左转，"l"键表示右转，"k"键表示停止。

步骤 7：保持建图程序运行，在导航模块中将地图保存在 dashgo_nav/ maps。

```
$ roscd dashgo_nav/maps
$ rosrun map_server map_saver-feai_map_cartographer    //保存地图为 eai_map_cartographer
```

保存的地图会生成 eai_map_cartographer. png 图片和 eai_map_cartographer. yaml 配置文件。

7.2　navigation 路径规划与导航避障

本节介绍 move_base 导航避障架构、costmap 代价地图、全局路径规划、局部路径规划、自适应蒙特卡洛定位等知识点,通过实验在机器人平台上实践各个知识点,并给出关键代码解析。

7.2.1　move_base 导航避障架构

导航避障,是指在地图中已知机器人当前坐标,当在地图中给定合理的目标点时,能自动规划出一条合理的路径,并控制机器人沿着该路径行走,自动避开静态和动态的障碍物。实现这样的功能需要有以下几个要点:

①一张完整的高精度地图。

②生成相应的代价地图。

③机器人在地图中的起始位置,并能在移动中定位。

④在地图上给定一个可到达的目标点位姿。

⑤全局路径规划。

⑥局部路径规划。

图 7.4 为 move_base 导航避障架构。

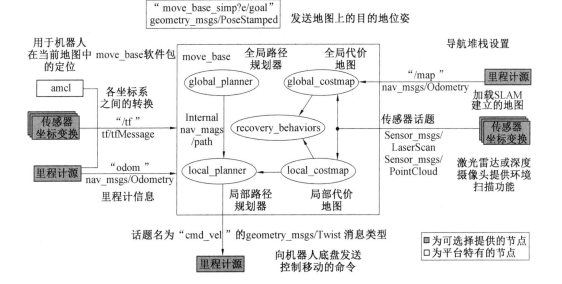

图 7.4　move_base 导航避障架构

7.2.2　实验1:navigation 路径规划与导航避障

1. 实验目的

熟悉 ROS move_base,学习全局和局部路径规划算法、AMCL 蒙特卡洛定位算法,costmap 代价地图等知识。

2. 实验内容

调用工程 HIT_Test_ws/src/navigation-kinetic-devel,其中,move_base 包是导航算法逻辑核心,由它调用 map_server 包加载地图,再由 costmap_2d 包修饰原地图并生成代价地图,利用 AMCL(Adoptive Monte Carlo Localization,自适应蒙特卡洛定位)包定准机器人在地图中的位置。当在地图上给出合理的目标点时,调用 global_planner 包生成全局路径,利用 teb_local_planner 包生成局部路径和机器人此刻应该移动的速度,最后将速度发送给 STM32,控制机器人移动。

3. 实验步骤

步骤1:启动 dashgo_nav 中导航 launch 文件。

roslaunch dashgo_nav navigation_imu. launch

步骤2:在计算机上启动 RViz,观察地图。

roslaunch dashgo_rviz view_navigation. launch

注意:RViz 打开后显示机器人默认所在位置是栅格的中心点,不一定是机器人的实际位置,因此需要检查并设置起点位置,当激光数据与地图重合时则起点位置正确。

步骤3:在 RViz 上设置机器人导航起点,先观察现实环境,估计机器人在地图对应位置,然后点击 RViz 上的"2D Pose Estimate"按钮,在地图相应位置上点击(保持按下鼠标,并拖动鼠标设置好机器人正确方向,其中绿色箭头方向即表示机器人方向),如图 7.5所示。

图 7.5 解释(设置机器人导航起点步骤):先单击 1 号按钮,观察现实中机器人在地图中的位置以及朝向,例如是在位置 2,则在位置 2 用鼠标左键单击并保持按住左键,拖动鼠标设置机器人朝向,正确设置后,会如位置 3 所示,激光点和障碍物重合。

步骤4:在 RViz 上设置机器人目标点位置,点击"2D Nav Goal"按钮,然后在地图上点击目标点位置。正常情况,机器人会规划好到目标点的路径,以使机器人运动到目标点,如图 7.6 所示。

图 7.6 解释(设置机器人目标位置步骤):先单击 1 号按钮,然后在地图中单击机器人目标位置并设置相对应的朝向,最后会自动生成如位置 2 所示的全局路径。

4. 实验分析

(1)由 dashgo_nav/launch/ navigation_imu. launch 整合底盘驱动、雷达驱动、map_

图 7.5　导航起点设置

图 7.6　设置目标位置

server 节点加载地图、amc 节点定位、costmap_2d 节点，生成全局代价地图和局部代价地图，global_planner 节点生成全局路径，teb_local_planner 节点生成局部路径和机器人移动速度等功能，从而完成机器人导航避障，其主要内容如下：

```
<launch>
```

```
<! --启动底盘驱动 launch -->
<include file=" $ (find dashgo_driver)/launch/driver_imu.launch"/>
<! --启动激光雷达 launch -->
<include file=" $ (find ltme01_driver)/launch/ltme01.launch"/>
<! --启动 RViz 模型 -->
<include file=" $ (find dashgo_description)/launch/dashgo_description.launch"/>
<! --启动 map_server 节点加载地图 -->
<arg name="map_file" default=" $ (find dashgo_nav)/maps/eai_map_imu.yaml"/>
<node name="map_server" pkg="map_server" type="map_server" args=" $ (arg map_file)" />
<! --启动 AMCL 定位 -->
<arg name="initial_pose_x" default="0.0"/>
<arg name="initial_pose_y" default="0.0"/>
<arg name="initial_pose_a" default="0.0"/>
<include file=" $ (find dashgo_nav)/launch/include/imu/AMCL.launch.xml">
  <arg name="initial_pose_x" value=" $ (arg initial_pose_x)"/>
  <arg name="initial_pose_y" value=" $ (arg initial_pose_y)"/>
  <arg name="initial_pose_a" value=" $ (arg initial_pose_a)"/>
</include>
<! --启动 move_base 的 launch,生成代价地图和路径规划 -->
<include file=" $ (find dashgo_nav)/launch/include/imu/teb_move_base.launch"/>
</launch>
```

（2）导航各个模块参数配置如下。

①AMCL 定位算法的配置在 dashgo_nav/config/ imu/AMCL. yaml 中,内容为:

```
use_map_topic: True   //订阅/map 主题
odom_model_type: diff   //指定 odom 模型为 diff
odom_alpha5: 0.1   //平移相关的噪声参数
gui_publish_rate: 10.0
laser_max_beams: 60   //更新滤波器时,每次扫描中被使用的等间距光束数量
laser_max_range: 6.0   //最大扫描范围
min_particles: 2000   //滤波器中的最少粒子数
max_particles: 5000   //滤波器中的最多粒子数
kld_err: 0.05   //真实分布和估计分布的最大允许误差
kld_z: 0.99   //上标准分数
odom_alpha1: 0.2   //指定由机器人运动部分的旋转分量估计的里程计旋转的期望噪声
odom_alpha2: 0.2   //指定由机器人运动部分的平移分量估计的里程计旋转的期望噪声
```

odom_alpha3：0.8　//指定由机器人运动部分的平移分量估计的里程计平移的期望噪声

odom_alpha4：0.2　//指定由机器人运动部分的旋转分量估计的里程计平移的期望噪声

laser_z_hit：0.5　//模型的 z_hit 部分的混合权值，默认为 0.95

laser_z_short：0.05　//模型的 z_short 部分的混合权值

laser_z_max：0.05　//模型的 z_max 部分的混合权值

laser_z_rand：0.5　//模型的 z_rand 部分的混合权值

laser_sigma_hit：0.2　//被用在模型的 z_hit 部分的高斯模型的标准差

laser_lambda_short：0.1

laser_model_type：likelihood_field　//激光模型类型定义，可以是 beam

laser_likelihood_max_dist：2.0　//与障碍物的最大距离，用于似然场模型

update_min_d：0.25　//每平移 0.25 m 距离就执行一次滤波

update_min_a：0.2　//每转动 0.2 rad，就执行一次滤波

odom_frame_id："odom_combined"　//里程计的坐标系

base_frame_id："base_footprint"　//机器人的坐标系

global_frame_id："map"　//由定位系统发布的坐标系

resample_interval：0.5　//每进行一次滤波都重采样一次

transform_tolerance：1.0　//tf 变化发布推迟的时间

recovery_alpha_slow：0.0　//慢速的平均权重滤波的指数衰减频率

recovery_alpha_fast：0.0　//快速的平均权重滤波的指数衰减频率

②costmap_2d 的配置在 dashgo_nav/config/imu/目录中，如下：

costmap_common_params. yaml

global_costmap_params. yaml

local_costmap_params. yaml

其中 costmap_common_params. yaml 中的参数是 global_costmap_params. yaml 和 local_costmap_params. yaml 共有的参数。

③costmap_common_params. yaml 文件的内容如下：

footprint：[[0.21, 0.21], [0.21, 0.21], [0.2887, 0.21], [0.2887, 0.21]]　//机器人模型

obstacle_layer：　//costmap 动态层构成

enabled：True

max_obstacle_height：1.2　//costmap 动态层最大高度

min_obstacle_height：0.0

obstacle_range：2.0　//动态层范围为 2 m × 5 m

raytrace_range：5.0

inflation_radius：0.30　//动态层障碍物膨胀半径

combination_method：1

observation_sources：laser_scan_sensorsonar_scan_sensorcamera_depth　//动态层传感器数据源

track_unknown_space：True

origin_z：0.0

z_resolution：0.1　//动态层每一层的高度

z_voxels：10　//动态层一共分10层

unknown_threshold：15

mark_threshold：0

publish_voxel_map：True

footprint_clearing_enabled：True　//允许清除机器人当前足迹

sonar_scan_sensor：　//超声波数据来源设置

data_type：PointCloud2　//超声波数据类型,6个超声波为一组数据并转成PointCloud2

　　topic：/sonar_cloudpoint　//超声波数据主题

　　marking：True

　　clearing：True

min_obstacle_height：0.11　//超声波数据z轴高度在动态层高度范围0.11~0.2内

max_obstacle_height：0.2

observation_persistence：0.0

laser_scan_sensor：　//雷达数据来源设置

data_type：LaserScan　//雷达数据类型

　　topic：/scan

　　marking：True

　　clearing：True　//数据允许清除

expected_update_rate：0

min_obstacle_height：0.21　//该数据在动态层的高度范围应为0.21~0.3

max_obstacle_height：0.30

camera_depth：　//深度摄像头数据来源设置

data_type：PointCloud2　//深度摄像头数据类型

　　topic：/camera/depth/points　//_filtered　//深度摄像头数据主题

　　marking：Ture

　　clearing：True　//数据允许清除

min_obstacle_height：0.41　//该数据在动态层的高度范围应为0.41~2.0

max_obstacle_height：2.0

inflation_layer：　//costmap膨胀层

　enabled：True

cost_scaling_factor：　10.0　//障碍物清楚速度

inflation_radius：0.30　//障碍物膨胀半径

static_layer：//costmap 静态层

　　enabled：True

map_topic："/map"

vim global_costmap_params. yaml

④global_costmap_params. yaml 配置文件内容如下：

global_costmap：

global_frame：/map　//全局坐标系

robot_base_frame：/base_footprint　//机器人坐标系

update_frequency：1.5　//全局路径规划更新频率

publish_frequency：1.0　//全局路径规划发布到 RViz 的频率

static_map：True　//是否为静态地图(此处为"是")

rolling_window：False　//是否为滚动窗口(此处为"否")

　　resolution：0.05　//地图分辨率

transform_tolerance：1.0　//tf 转换事件

map_type：costmap　//地图类型为代价地图

　　plugins：//全局地图构成氛围静态层、动态层、膨胀层

　　. {name：static_layer, type："costmap_2d::StaticLayer"}

　　. {name：obstacle_layer, type："costmap_2d::VoxelLayer"}

　　. {name：inflation_layer, type："costmap_2d::InflationLayer"}

GlobalPlanner：

allow_unknown：False　//是否运行从未知区域规划(此处为"否")

vim local_costmap_params. yaml

⑤local_costmap_params. yaml 配置文件内容如下：

local_costmap：

global_frame：/odom_combined　//里程计坐标系

robot_base_frame：/base_footprint　//机器人坐标系

update_frequency：3.0　//局部地图更新频率

publish_frequency：1.0

static_map：False　//不是静态地图

rolling_window：True　//会滚动窗口

　　width：3.0　//局部 costmap 地图范围为 3 m × 3 m

　　height：3.0

　　resolution：0.05　//局部地图分辨率

transform_tolerance：1.0

map_type：costmap　//局部地图为代价地图

　plugins：//局部代价地图由静态层、动态层、膨胀层构成

　　.｛name：static_layer, type："costmap_2d∷StaticLayer"｝

　　.｛name：obstacle_layer, type："costmap_2d∷VoxelLayer"｝

　　.｛name：inflation_layer, type："costmap_2d∷InflationLayer"｝

⑥Global_planner 的参数配置文件在 dashgo_nav/config/imu/base_global_planner_param.yaml 中,其内容如下：

Global_planner：

old_navfn_behavior：False　//若在某些情况下,想让 Global_planner 完全复制 navfn 的功能,那就设置为 True

use_quadratic：True　//设置为 True,将使用二次函数近似函数,否则使用更加简单的计算方式,这样节省硬件计算资源

use_Dijkstra：True　//设置为 True,将使用 Dijkstra 算法,否则使用 A* 算法

use_grid_path：False　//如果设置为 True,则会规划一条沿着网格边界的路径,偏向于直线穿越网格,否则将使用梯度下降算法,路径更为光滑

allow_unknown：False　//是否允许规划器规划穿过未知区域的路径

#只设计该参数为 True 还不行,还要在 costmap_commons_params.yaml 中将 track_unknown_space 参数也设置为 True

planner_window_x：0.0

planner_window_y：0.0

default_tolerance：0.0　//当设置的目的地被障碍物占据时,需要以该参数为半径寻找到最近的点作为新目的地

⑦teb_local_planner 的参数配置文件在 dashgo_nav/config/imu/ teb_local_planner_params.yaml 中,其内容如下：

TebLocalPlannerROS：

odom_topic：odom　//里程计主题

map_frame：/odom_combined　//里程计坐标系

　// Trajectory

teb_autosize：True

dt_ref：0.45　//期望的轨迹时间分辨率

dt_hysteresis：0.1　//根据当前时间分辨率自动调整大小的滞后现象

global_plan_overwrite_orientation：True　//覆盖由全局规划器提供的局部子目标的方向

max_global_plan_lookahead_dist：3.0　//指定考虑优化的全局计划子集的最大长度

feasibility_check_no_poses：5　//每个采样间隔的姿态可行性分析数

　// Robot

max_vel_x：0.6　//最大移动速度

max_vel_x_backwards：0.15　//后退时最大线速度

max_vel_theta：0.5　//最大角速度

acc_lim_x：0.3　//线加速度

acc_lim_theta：0.25　//角加速度

min_turning_radius：0.0　//最小转弯半径

footprint_model：　//机器人模型

　　vertices：[[0.21，0.21]，[0.21，0.21]，[0.2887，0.21]，[0.2887，0.21]]

　// GoalTolerance

xy_goal_tolerance：0.2　//导航到达目标时允许 x、y 轴方向误差

yaw_goal_tolerance：0.2　//导航到达目标时允许角度误差

free_goal_vel：False

　// Obstacles

min_obstacle_dist：0.28　//底盘中心离障碍物最小距离

include_costmap_obstacles：True　//是否考虑到局部 costmap 的障碍(此处为"是")

costmap_obstacles_behind_robot_dist：1.0　//考虑后面 n m 内的障碍物(此处 n=1)

obstacle_poses_affected：7　//为了保持距离,每个障碍物位置都与轨道上最近的位置相连

costmap_converter_plugin：""　//定义插件名称,用于将 costmap 的单元格转换成点/线/多边形。若设置为空字符,则视为禁用转换,将所有点视为点障碍

costmap_converter_spin_thread：True　//如果为 True,则 costmap 转换器将以不同的线程调用其回调队列

costmap_converter_rate：5　//定义 costmap_converter 插件处理当前 costmap 的频率(该值不高于 costmap 更新率

　// Optimization

no_inner_iterations：5　//在每个内循环迭代中调用的实际求解器迭代次数

no_outer_iterations：4　//在每个外循环迭代中调用的实际求解器迭代次数

optimization_activate：True

optimization_verbose：False

penalty_epsilon：0.1　//为硬约束近似的惩罚函数添加一个小的安全范围

weight_max_vel_x：1　//满足最大允许平移速度

weight_max_vel_theta：1　//满足最大允许平移速度的优化权重

weight_acc_lim_x：1　//满足最大允许平移加速度

weight_acc_lim_theta：1　//满足最大允许角加速度的优化权重

weight_kinematics_nh：1000　//允许后退权重,越大越不能后退

weight_kinematics_forward_drive：60　//强制机器人仅选择正向(正的平移速度)的优化权重

weight_kinematics_turning_radius：1   //采用最小转向半径的优化权重

weight_optimaltime：1   //根据转换/执行时间对轨迹进行收缩的优化权重

weight_obstacle：50   //保持与障碍物的最小距离的优化权重

weight_dynamic_obstacle：30

selection_alternative_time_cost：False   // Homotopy Class Planner

enable_homotopy_class_planning：False

enable_multithreading：True

simple_exploration：False

max_number_classes：2   //考虑到的不同轨迹的最大数量

roadmap_graph_no_samples：15   //指定为创建路线图而生成的样本数

roadmap_graph_area_width：5   //指定该区域的宽度

h_signature_prescaler：0.5

h_signature_threshold：0.1

obstacle_keypoint_offset：0.1

obstacle_heading_threshold：0.45

visualize_hc_graph：False   //可视化创建的图形,用于探索不同的轨迹(在 RViz 中检查标记消息)

⑧move_base 的参数文件在 dashgo_nav/config/imu/ move_base_params. yaml ,其内容如下：

shutdown_costmaps：False   //当 move_base 在不活动状态时,关掉 costmap

controller_frequency：4.0   //向底盘发送控制命令的频率(往 cmd_vel 主题中发)

controller_patience：3.0   //路径规划失败后,留给规划器多长时间来重新找出一条有效路径,并计算下发控制速度,超时后会清除并重新加载 costmap,再尝试规划

planner_frequency：1.0   //全局规划操作的执行频率,如果设置为 0.0,则全局规划器仅在接收到新的目标点或者局部规划器报告路径堵塞时才会重新执行规划操作

planner_patience：3.0   //在空间清理操作执行前,留给规划器多长时间来找出一条有效规划

oscillation_timeout：5.0   //执行修复机制前,允许振荡的时长

oscillation_distance：0.2   //来回运动在多大距离以内不会被认为是振荡

base_global_planner："global_planner/GlobalPlanner"   //指定全局规划器为 global

base_local_planner："teb_local_planner/TebLocalPlannerROS"   //指定局部规划器为 teb

max_planning_retries：1

recovery_behavior_enabled：True

clearing_rotation_allowed：True

useMagnetometer：False

auto_update_：False

particle_range：1.0

angle_tolerance：0.05

recovery_behaviors：　//清除的策略

　　　name：'aggressive_reset'　//清除 0.3 m 外的 costmap

　　　type：'clear_costmap_recovery/ClearCostmapRecovery'

aggressive_reset：

reset_distance：0.3

layer_names：[obstacle_layer]

move_slow_and_clear：　//机器人低速移动时限制

clearing_distance：0.5

limited_trans_speed：0.1

limited_rot_speed：0.4

limited_distance：0.3

7.2.3　costmap 代价地图

使用 gmapping 构建的地图为全局静态地图,要实现导航避障功能,单靠这一张地图是不够安全的,例如在导航过程中突然出现的障碍物(如动态障碍物),因此需要对这张地图进行各种加工修饰,使导航避障更安全。在 ROS 中由 costmap_2d 软件包实现地图的加工修饰,该软件包在原始地图上构建了两张新的地图:一个是 local_costmap,另外一个是 global_costmap,两张 costmap 一个是为局部路径规划准备的,一个是为全局路径规划准备的。无论是 local_costmap 还是 global_costmap,都可以配置多个图层,包括如下几种。

(1)Static_Layer:静态地图层,基本不变的地图层,通常是 SLAM 建立的静态地图。

(2)Obstacle_Layer:障碍地图层,用于动态地记录传感器感知到的障碍物信息。

(3)Inflation_Layer:膨胀层,在以上两层地图上进行膨胀(向外扩张),以避免机器人撞上障碍物。

(4) Other Layers:其他地图层,可以通过插件的形式自行实现 costmap,目前已有 Social Costmap Layer、Range Sensor Layer 等开源插件。

图 7.7 为 costmap 默认分层结构,costmap 由多个层共同组成,将不同功能放置在不同层中。其中,Static_Layer(静态地图层,即原始地图)是第一层;Obstacle_Layer(障碍地图)层,即原始地图中没有的动态障碍物)是第二层;Inflation_Layer(膨胀层,将前述所有层所有障碍物都膨胀一定大小)是第三层。这三层组合成了主控图层,即图中的 Master Map(最终的 costmap),供给路线规划模块使用。其他地图层可以通过 pluginlib(ROS 插件机制)在 costmap 中实现和使用。

二维 costmap 障碍物膨胀图如图 7.8 所示,"1"是激光雷达测得的障碍物,"2"是在障碍物周边膨胀出一圈安全区域,半径可设,防止规划的路径太贴近障碍物导致碰撞。浅灰

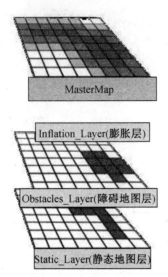

图 7.7 costmap 默认分层结构

色代表已知且未被占用的区域,深灰色代表未知区域。为了避免机器人与障碍物碰撞,机器人中心与障碍物的距离不能小于机器人的内切圆半径。

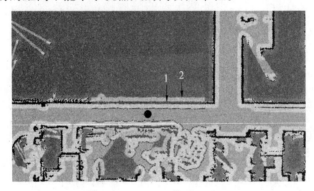

图 7.8 costmap 障碍物膨胀图

costmap 地图又称作占用栅格图,即将整张地图分成多个小栅格(默认每个小栅格是边长为 0.05 m 的正方形),每个栅格又分为 3 种情况:Occupied(被占用、有障碍)、Free(自由区域、无障碍)、Unknown Space(未知区域),划分规则如图 7.9 所示。

当机器人监测到障碍物后,会膨胀出一圈安全区域,然后计算栅格与障碍物的距离,根据距离有如下情况:

(1)该距离小于机器人内切圆半径,则该栅格代价值为 254,表明该栅格是致命的,机器人不允许移动到该栅格,否则会碰到障碍物;

(2)该距离大于机器人内切圆半径,但小于外切圆半径,则该栅格代价值在 128 ~ 253 之间,距离障碍物越近,代价值越大。

(3)该距离大于机器人外切圆半径,但小于设置的膨胀半径,则该栅格代价值在 1 ~

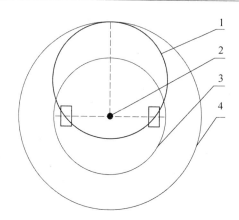

图 7.9　Costmap 栅格划分

1—后驱机器人本体;2—机器人旋转中心(两轮中心);3—机器人内切圆;4—机器人外切圆

128 之间,距离障碍物越近,代价值越大。

(4)该距离大于膨胀半径,则该栅格代价值为 0,机器人便按规划的路径走向该栅格。

其中规划行走路径时,被占用区域和未知区域是不允许行走的,而自由区域中的每个小栅格,会根据离障碍物的远近,计算出一个代价值,最终用于路径规划。代价地图中到实际障碍物距离在内切圆半径到膨胀半径之间的所有 cell(栅格)可以使用如下方法来计算膨胀代价:

$$\exp(1.0 * \text{cost\_scaling\_factor} * (\text{distance\_from\_obstacle} - \text{inscribed\_radius})) * (\text{costmap\_2d}::\text{IN-SCRIBED\_INFLATED\_OBSTACLE} - 1)$$

7.2.4　实验2:costmap 代价地图的使用

1. 实验步骤

步骤 1:启动 dashgo_nav 中导航 launch 文件。

roslaunch dashgo_nav navigation_imu. launch

步骤 2:在计算机上启动 RViz,观察地图。

roslaunch dashgo_rviz view_navigation. launch

注意:RViz 打开后显示机器人默认所在的位置是栅格的中心点,不一定是机器人实际位置,因此需要检查并设置起点位置,当激光数据与地图重合时则起点位置正确。

步骤 3:在 RViz 上设置机器人起点位置。

步骤 4:观察全局代价地图和局部代价地图。

图 7.10 给出 costmap 障碍物膨胀图,图中"1"为选择显示传感器数据和地图数据的界面;"2"为局部 costmap 地图,是一个以机器人为中心的滚动正方形窗口,边长可调;"3"为全局 costmap 地图,是在原始地图的障碍物上,膨胀出一个安全缓冲区域,规划路径时不经过该区域,以防止机器人碰到障碍物。

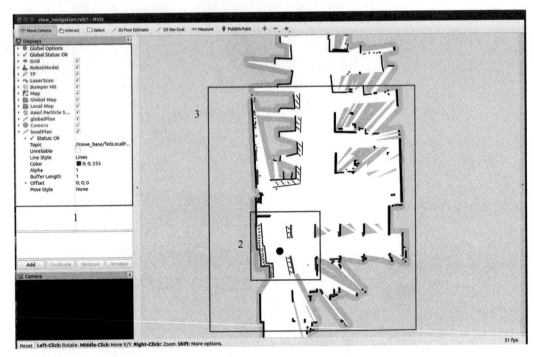

图 7.10　costmap 障碍物膨胀图

步骤 5：修改静态参数，观察 costmap 地图变化及其对路径规划的影响，修改 HIT_
Test_ws/src/dashgo_nav/config/imu/costmap_common_params. yaml 的参数：

footprint：[[−0.21, −0.21], [−0.21, 0.21],[0.2887, 0.21], [0.2887, −0.21]]

inflation_radius：0.30　//设置膨胀半径

inflation_layer：　//设置 costmap 膨胀层参数

　enabled：　True

　cost_scaling_factor：10.0

　inflation_radius：0.30

修改 HIT_Test_ws/src/dashgo_nav/config/imu/local_costmap_params. yaml 的参数：

　width：3.0　//局部 costmap 的范围，以机器人为中心的四边形的宽

　height：3.0　//局部 costmap 的范围，以机器人为中心的四边形的高

尝试修改 costmap 的参数，关闭原来程序，重新执行步骤 1~4，观察 costmap 地图的变
化，观察 costmap 改变后对路径规划的影响。

步骤 6：动态调试 costmap 参数，在执行步骤 1~4 后，打开一个新终端。

export ROS_MASTER_URI＝http://192.168.31.200:11311

rosrun rqt_reconfigure rqt_reconfigure

按图 7.11 修改 costmap 动态参数，点击该窗口空白处会立即生效，一旦重新启动，动
态参数的配置会失效，变回 yaml 参数文件中的默认配置。

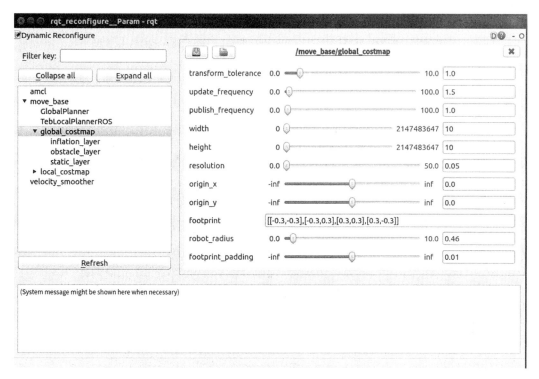

图 7.11　costmap 动态参数调试

2. 实验分析

（1）Costmap 代价地图是通过启动 move_base 加载的，并且加载了 2 张待机地图，分别为全局 costmap 地图和局部 costmap 地图，影响全局的路径规划和局部路径规划。通过 move_base 节点启动加载 costmap，如图 7.12 所示。

```
<launch>
  <node pkg="move_base" type="move_base" respawn="false" name="move_base" output="screen" clear_params="true">
    <rosparam file="$(find lf_launch)/config/costmap_common_params.yaml" command="load" ns="global_costmap" />
    <rosparam file="$(find lf_launch)/config/costmap_common_params.yaml" command="load" ns="local_costmap" />
    <rosparam file="$(find lf_launch)/config/local_costmap_params.yaml" command="load" />
    <rosparam file="$(find lf_launch)/config/global_costmap_params.yaml" command="load" />
    <rosparam file="$(find lf_launch)/config/base_global_planner_param.yaml" command="load" />
    <rosparam file="$(find lf_launch)/config/teb_local_planner_params.yaml" command="load" />
    <rosparam file="$(find lf_launch)/config/move_base_params.yaml" command="load" />
  </node>
</launch>
```

图 7.12　通过 move_base 节点启动加载 costmap

（2）机器人模型内切圆和外切圆半径计算。

在 costmap 中将机器人模型分为圆形和多边形。如果使用圆形，则使用圆半径做内切圆半径和外切圆半径；如果使用多边形，则通过计算机器人旋转中心到各个边的距离，取最短的做内切圆半径，取最长的做外切圆半径，计算方法参考代码如下：

void LayeredCostmap::setFootprint(const std::vector<geometry_msgs::Point>& footprint_spec)

{

footprint_ = footprint_spec;

```
costmap_2d::calculateMinAndMaxDistances(footprint_spec, inscribed_radius_, circumscribed_radius_);
for (vector<boost::shared_ptr<Layer> >::iterator plugin = plugins_.begin(); plugin ! = plugins_.end();
     ++plugin)
{
    (*plugin)->onFootprintChanged();
}
}
```

//通过向量的方式,计算点到线段的距离
```
void calculateMinAndMaxDistances(const std::vector<geometry_msgs::Point>& footprint, double& min_dist, double& max_dist)
{
    min_dist = std::numeric_limits<double>::max();
    max_dist = 0.0;
    if (footprint.size() <= 2)
    {
        return;
    }
    for (unsigned int i = 0; i < footprint.size() - 1; ++i)
    {
        // 检查机器人中心点到第一个顶点的距离
        double vertex_dist = distance(0.0, 0.0, footprint[i].x, footprint[i].y);
        double edge_dist = distanceToLine(0.0, 0.0, footprint[i].x, footprint[i].y,
                                          footprint[i + 1].x, footprint[i + 1].y);
        min_dist = std::min(min_dist, std::min(vertex_dist, edge_dist));
        max_dist = std::max(max_dist, std::max(vertex_dist, edge_dist));
    }
    // 还需要计算最后一个顶点和第一个顶点
    double vertex_dist = distance(0.0, 0.0, footprint.back().x, footprint.back().y);
    double edge_dist = distanceToLine(0.0, 0.0, footprint.back().x, footprint.back().y,
                                      footprint.front().x, footprint.front().y);
    min_dist = std::min(min_dist, std::min(vertex_dist, edge_dist));
    max_dist = std::max(max_dist, std::max(vertex_dist, edge_dist)); }
```

7.2.5 全局路径规划

在已知的地图上导航时,先实现机器人当前位置的定位(初始位置设置),然后在地图上给定目标位置,此时可以在当前位置和目标位置之间找到一条全局路径,一般寻找的路径都是最近的路径。在 ROS 中利用 Dijkstra 算法或 A* 算法实现该功能,即为全局路径规划。

以 A* 算法为例:如图 7.13 所示,起点为 A,终点为 B,中间黑色方格为障碍,第一个方格中给出 F、G、H 3 个值标识的位置,其他方格不再标注,其相同的位置代表 F、G、H 的 3 个值,圆代表找到的路径。使用 A* 算法规划从起点 A 到终点 B 的路径,从起点开始,检查其相邻的方格,然后移动到总代价最低的栅格,即最优的栅格,逐渐向四周扩展,直至找到目标,其中:

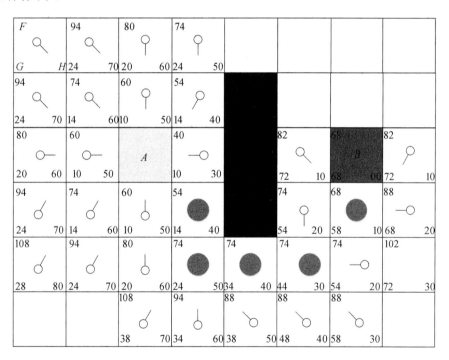

图 7.13 全局路径规划图

① G 表示从起点 A 移动到指定方格的移动代价,假设横向和纵向的移动代价为 10,对角线的移动代价为 14,在方格左下角标示。

② H 表示从指定的方格移动到终点 B 的估算成本,有很多方法可以估算 H 值,在本例使用 Manhattan 方法,计算从当前方格横向或纵向移动到达目标所经过的方格数,忽略对角移动和路径中的障碍物,在方格右下角标示。

③ F 表示总代价值,由 G 和 H 相加可得,在方格左上角标示。

整体算法流程:

(1)把起点加入 open list(开放列表:存放已知但还没有探索过的区块)。

(2)重复如下过程:

①遍历 open list,查找 F 值最小的节点,把它作为当前要处理的节点。

②把这个节点移到 close list(封闭列表:存放已经探索过的区块)。

③对当前方格的 8 个相邻方格进行判断:

a. 如果当前方格是不可抵达的或者在 close list 中,忽略;否则,执行下面的操作。

b. 如果当前方格不在 open list 中,把当前方格加入 open list,并且把当前方格设置为当前方格的父亲,记录该方格的 F、G 和 H。

c. 如果当前方格已经在 open list 中,检查这条路径(即经由当前方格到达当前方格)是否更好,用 G 值做参考,更小的 G 值表示这是更好的路径;如果是这样,把当前方格的父亲设置为当前方格,并重新计算当前方格的 G 值和 F 值。

④判断是否停止,当把终点加入 open list 中时,路径已经找到;查找终点失败,并且 open list 是空的,此时没有路径。

(3)保存路径。从终点开始,每个方格沿着父节点移动直至起点,得到路径。

在 ROS 中,A^* 算法的实现:

```
#include<global_planner/astar. h>

#include<costmap_2d/cost_values. h>

namespace global_planner {

AStarExpansion::AStarExpansion(PotentialCalculator * p_calc, int xs, int ys) :
        Expander(p_calc, xs, ys) {}

bool AStarExpansion::calculatePotentials(unsigned char * costs, double start_x, double start_y, double
end_x, double end_y, int cycles, float * potential) {

    queue_. clear();

    int start_i = toIndex(start_x, start_y);

    queue_. push_back(Index(start_i, 0));

    std::fill(potential, potential + ns_, POT_HIGH);

    potential[start_i] = 0;

    int goal_i = toIndex(end_x, end_y);

    int cycle = 0;

    while (queue_. size() > 0 && cycle < cycles) {

        Index top = queue_[0];

        std::pop_heap(queue_. begin(), queue_. end(), greater1());

        queue_. pop_back();
```

```
        int i = top. i;
        if (i = = goal_i)
            return True;
        add(costs, potential, potential[i], i + 1, end_x, end_y);
        add(costs, potential, potential[i], i - 1, end_x, end_y);
        add(costs, potential, potential[i], i + nx_, end_x, end_y);
        add(costs, potential, potential[i], i - nx_, end_x, end_y);
        cycle++;
    }
    return False;
}
void AStarExpansion::add(unsigned char * costs, float * potential, float prev_potential, int next_i, int
end_x,
                        int end_y) {
    if (next_i < 0 || next_i >= ns_)
        return;
    if (potential[next_i] < POT_HIGH)
        return;
    if(costs[next_i]>=lethal_cost_ && ! (unknown_ && costs[next_i] == costmap_2d::NO_INFOR-
MATION))
        return;
    potential[next_i] = p_calc_->calculatePotential(potential, costs[next_i] + neutral_cost_, next_i,
prev_potential);
    int x = next_i % nx_, y = next_i / nx_;
    float distance = abs(end_x - x) + abs(end_y - y);
    queue_. push_back(Index(next_i, potential[next_i] + distance * neutral_cost_));
    std::push_heap(queue_. begin(), queue_. end(), greater1());
}
} //end namespace global_planner
```

7.2.6　实验 3:全局路径规划的使用

步骤 1:启动 dashgo_nav 中导航 launch 文件。

$ roslaunch dashgo_nav navigation_imu. launch

步骤 2:在计算机中,启动 RViz,观察地图。

$ roslaunch dashgo_rviz view_navigation. launch

注意:RViz 打开后显示机器人默认所在的位置是栅格的中心点,不一定是机器人实际的位置,因此需要检查并设置起点位置,当激光数据与地图重合时则起点位置正确。

步骤 3:在 RViz 上设置机器人起点位置。

步骤 4:在 RViz 上设置目标点,观察机器人从起点规划全局路径到目标点,如图 7.14 所示,正确设置好目标点后,机器人会规划出如图 7.13 所示的全局路径。

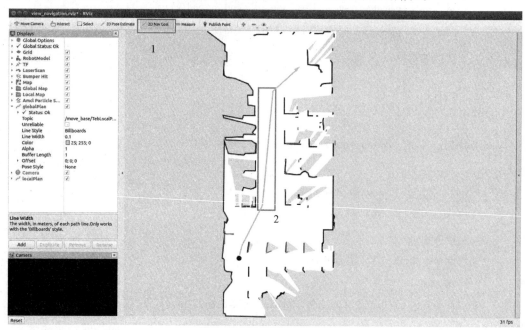

图 7.14　全局路径规划图

步骤 5:静态修改参数,观察全局路径规划的变化,修改 HIT_Test_ws/src/dashgo_nav/config/imu/base_global_planner_param. yaml 的参数。

use_Dijkstra:True　//True 就使用 Dijkstra 算法,False 就用 A* 算法

allow_unknown:False　//表示规划的路径是否能穿越未知的区域(此处为否)

步骤 6:动态调试 global planner 参数,执行步骤 1~4 后,打开一个新终端。

$ export ROS_MASTER_URI=http://192.168.31.200:11311

$ rosrun rqt_reconfigure rqt_reconfigure

图 7.15 给出 global planner 动态参数调试界面。修改参数后,点击该窗口空白处就会立马生效,一旦重新启动后,动态的配置会失效,会变回 yaml 参数文件中的默认配置。

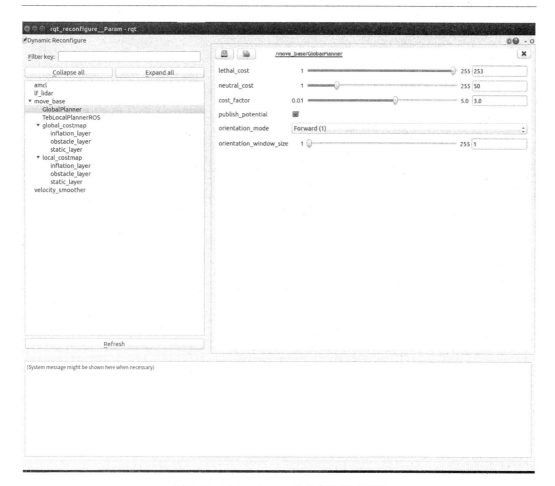

图 7.15　global planner 动态参数调试界面

7.2.7　局部路径规划

机器人在获得目的地信息后,首先经过全局路径规划得到一条大致可行的路线,然后调用局部路径规划器,根据这条路线及 costmap 的信息规划出合适的局部路径,计算出机器人此时刻最佳的速度指令,发送给机器人运动底盘执行。在 ROS 中常用的局部路径规划算法有 dwa_local_planner(DWA)算法和 teb_local_planner(TEB)算法。

1. DWA 算法

DWA 算法全称为 Dynamic Window Approach,其原理主要是在速度空间(v,w)中采样多组速度,并模拟这些速度在一定时间内的运动轨迹,通过一个评价函数对这些轨迹打分,最终选择出最优的速度发送给下位机。图 7.16 给出 DWA 算法路径采样示意。

DWA 算法基本思想如下:

①在机器人控制空间离散采样$(\mathrm{d}x, \mathrm{d}y, \mathrm{d}\theta)$。

②对每一个采样速度进行前向模拟,看看在当前状态下,使用该采样速度移动一小段

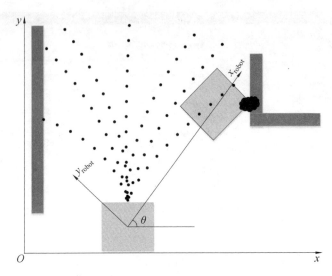

图 7.16　DWA 算法路径采样示意

时间后会发生什么。

③评价前向模拟得到的每个轨迹,是否接近障碍物,是否接近目标,是否接近全局路径以及速度等,舍弃非法路径。

④选择得分最高的路径,发送对应的速度给底座。

2. TEB 算法

teb_local_planner 其底层算法为 TEB(Timed Elastic Band,定时弹性带)算法,该方法根据机器人的轨迹执行时间、与障碍物是否分离、在运行时是否符合运动学约束等因素对机器人的轨迹进行局部优化。图 7.17 给出 TEB 算法局部路径规划图。

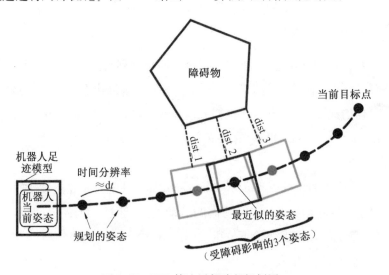

图 7.17　TEB 算法局部路径规划图

TEB 算法先根据全局路径生成初始轨迹,然后根据时间最优、与障碍物分离、满足运动学和动力学约束等条件,转换成最优化问题,最终通过求解大规模稀疏多目标优化问题有效得到最优轨迹。

7.2.8　实验 4:TEB 局部路径规划的使用

步骤 1:启动 dashgo_nav 中导航 launch 文件。

roslaunch dashgo_nav navigation_imu. launch

步骤 2:在计算机中,启动 RViz,观察地图。

roslaunch dashgo_rviz view_navigation. launch

注意:RViz 打开后显示机器人默认所在的位置是栅格的中心点,不一定是机器人实际的位置,因此需要检查并设置起点位置,当激光数据与地图重合时则起点位置正确。

步骤 3:在 RViz 上设置机器人起点位置。

步骤 4:在 RViz 上设置目标点,观察机器人在规划完全局路径后,会沿着该全局路径分段规划出局部路径,如图 7.18 所示。

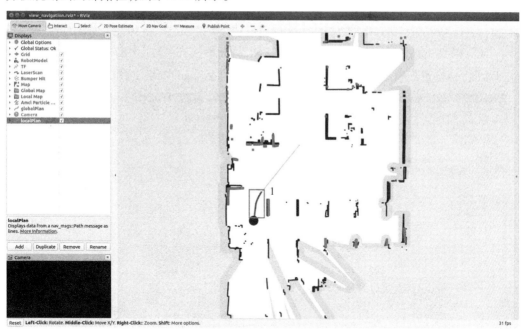

图 7.18　TEB 局部路径规划图

步骤 5:静态修改参数,观察全局路径规划的变化。修改 HIT_Test_ws/src/dashgo_nav/config/imu/teb_local_planner_params. yaml 的参数:

max_global_plan_lookahead_dist:3.0　//沿着全局路径,每小段局部路径的长度

/＊机器人最大的线速度、角速度、线加速度、角加速度、旋转半径、模型＊/

max_vel_x:0.6

max_vel_x_backwards:0.15

max_vel_theta：0.5

acc_lim_x：0.3

acc_lim_theta：0.25

min_turning_radius：0.0

footprint_model：

vertices：[[-0.21, -0.21], [-0.21, 0.21], [0.2887, 0.21], [0.2887, -0.21]]

/*导航允许误差设置,当机器人离目标位置小于运行误差时,则认为机器人到达目标位置*/

xy_goal_tolerance：0.1

yaw_goal_tolerance：0.1

min_obstacle_dist：0.28　//机器人行走时,离障碍物最小的距离

修改 TEB 局部路径规划的参数,关闭原来程序,重新执行步骤1~4,观察局部路径规划的变化

步骤6:动态调试 teb_local_planner 参数,在执行步骤1~4后,打开一个新终端。

$　export ROS_MASTER_URI=http://192.168.31.200:11311

$　rosrun rqt_reconfigure rqt_reconfigure

图 7.19 为 teb_local_planner 动态参数调试界面,修改完参数,点击该窗口空白处就会立马生效,一旦重新启动后,动态的配置会失效,会变回 yaml 参数文件中的默认配置。

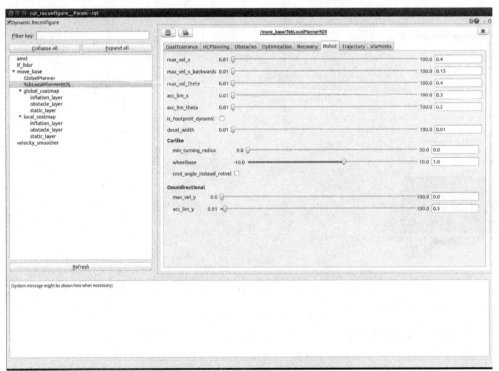

图 7.19　teb_local_planner 动态参数调试界面

7.2.9　自适应蒙特卡洛定位

自适应蒙特卡洛定位是轮式机器人在二维环境下的概率定位算法,其作用是针对已有的地图使用粒子滤波器跟踪确定一个机器人的位姿信息。

7.2.10　实验 5:测试 AMCL 的定位效果

步骤 1:在导航模块中启动导航 launch 文件。

$ roslaunch dashgo_nav navigation_imu. launch

步骤 2:在计算机中,启动 RViz,观察地图。

$ roslaunch dashgo_rviz view_navigation. launch

步骤 3:一般情况机器人的起点(当前)位置并不正确(如果位置正确,请移到不正确的地方),然后在计算机另一个终端输入如下指令,向全地图随机撒粒子。

rosservice call /global_localization " { } "

请求 AMCL 全局定位服务后,它会在地图空闲位置随机撒粒子,如图 7.20 中的"1"所示,每一个点表示一个坐标位置,即机器人可能的位置。

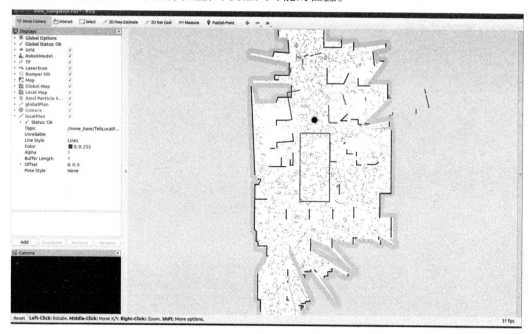

图 7.20　AMCL 开始全局定位

步骤 4:启动键盘控制程序,控制机器人原地旋转或小幅度移动。

$ rosrun dashgo_tools teleop_twist_keyboard. py 　//启动键盘控制移动

此时可以观察到地图的粒子逐渐收敛,最终会确定一个位置,通过观察激光数据是否与地图相匹配来判断该位置是否正确。在键盘控制机器人移动过程中,机器人会利用激光数据与地图匹配,逐渐确定自己在地图中的位置,最终所有的粒子会逐渐收敛。当机器人位置确定,激光与地图匹配好后,粒子会基本完全收敛在一起,如图 7.21 中的"1"所示。

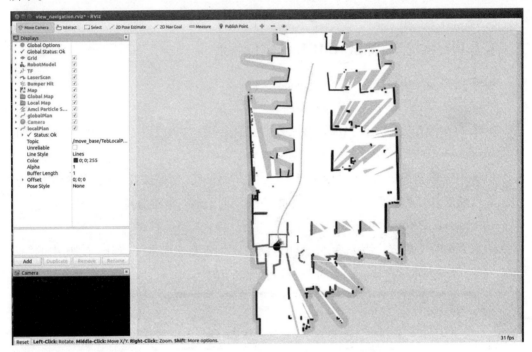

图 7.21　AMCL 完成全局定位

第8章　综合应用实验

本章使用机器人给出一些实验案例:使用动态捕捉系统作为反馈,实现机器人的定点控制,该实验不仅可以实现机器人与动态捕捉(简称动捕)系统的通信,还可以通过遥控器实现机器人的远距离操控;在模拟的交通环境下,利用模式识别和图像处理方法,使用机器人配备的摄像头实现红绿灯识别和车道线识别;给出使用摄像头识别二维码的方法,以及融合深度摄像头进行车辆导航的方法。

8.1　基于动捕的机器人控制实验

在控制与机器人领域,动捕系统通常作为一种高速、高精度、可靠的位姿传感。本节使用动捕系统作为位置传感器,实时捕捉轮式机器人小车的位姿,实现机器人的定点控制。

8.1.1　系统坐标设置

利用动捕系统的 VICON 软件完成系统坐标的设置。启动 VICON 软件,等待,直到界面中出现动捕摄像头且图 8.1 框中的图标显示为绿色时,VICON 软件初始化完成。

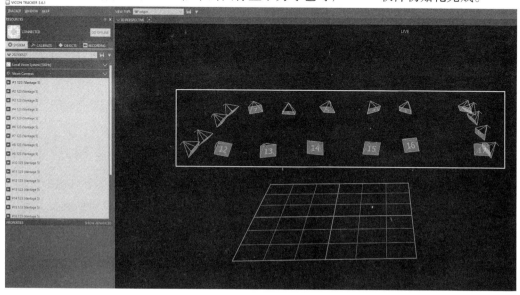

图 8.1　VICON 软件初始化界面

点击"CALIBRATE(校准)",进行世界坐标系原点的设置。将标定杆放到希望设置的世界坐标系原点位置,标定杆的方向设置为期望的世界坐标系朝向,点击软件上的"SET ORIGN"按钮设定坐标系原点(注意这一步需要点击两次"Start"),VICON 软件中动捕摄像头与坐标系的相对位置一致时,则设定成功,如图 8.2 所示。

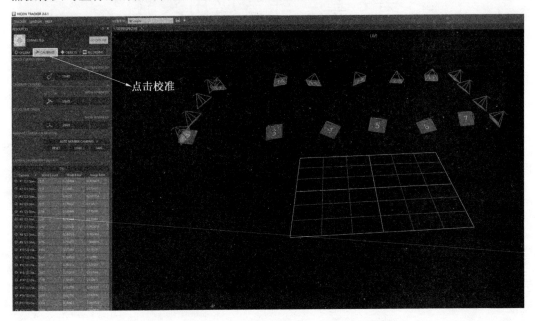

图 8.2　使用 VICON 校准界面设置世界坐标系原点

在机器人上贴至少 3 个标志球,尽量使图形不对称,将其中一个标志球贴到机器人坐标原点。将机器人放到动捕系统范围内,将机身坐标系和世界坐标系对齐。在 VICON 软件中,按住"Alt"拖动鼠标,选中机器人上所有标定球。输入机器人的名称(例如 vehicle),点击"CREAT"创建机器人。创建成功后可以看到被选定的点互相连接成为整体,并且中心有一个坐标系。接下来定义这个坐标系。选中希望设置为机器人坐标系原点的小球,点击"▮▮(暂停)"并点击"▢(解锁)",如图 8.3 所示。

观察机器人坐标系和期望一致,则说明机身坐标系原点位置设置完成,随后进行姿态设置。再次点击机器人小车,打开高级设置,将机器人小车 Rotation 中的 3 个欧拉角设置为 0,此时机器人小车车身坐标系和世界坐标系的坐标轴完全平行。至此,机器人的坐标系设置完成,点击关闭"▮▮(暂停)"。设置机器人姿态的操作顺序如图 8.4 所示。

机器人的位姿通过 VICON 的协议,使用 TCP/IP 发送到 VICON 计算机所在的局域网中。接下来只需要将局域网中的数据读出即可。打开机器人车载计算机,连接到同一局域网,使用 vicon_bridge 软件包,将局域网中共享的 VICON 数据转换为 ROS 中的话题。

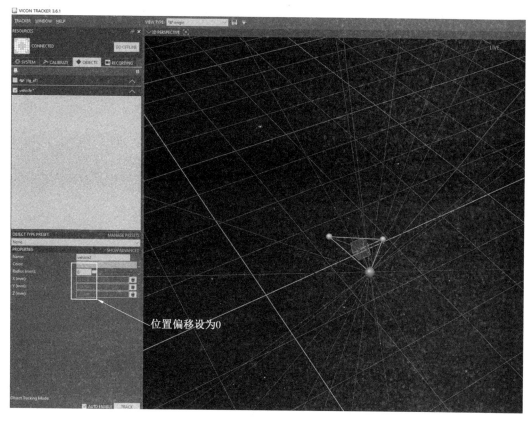

图 8.3 创建机器人坐标原点

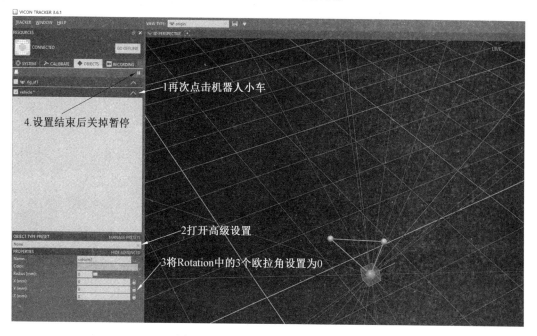

图 8.4 设置机器人姿态的操作顺序

8.1.2　使用动捕系统作为反馈实现机器人定点控制

本节使用动捕系统作为位置反馈,实现差速轮式机器人定点控制。程序主要由以下 4 个 rospackage(程序包)组成。

(1)joy2twist:一个关于遥控器功能的话题转换包,需要与支持 joystick 的遥控器硬件配合使用,功能为将遥控器发出的 sensor_msgs∷Joy 类型数据,转换成机器人需要的控制数据 geometry_msgs/Twist;

(2)vicon_bridge:由 ETHZ ASL 实验室开发的工具包,其功能是将局域网中共享的 VICON 数据转换为 ROS 中的话题,发布的消息类型为 geometry_msgs/TransformStamped(坐标转换消息)。

(3)vicon_repub:实现话题类型的转换,并提供一个地图边界绘制功能,通过设置 config/map.yaml 中的地图大小,可以在 RViz 中可视化一个方框,如无需方框,可以将地图大小设置为 0。

(4)polar_controller:一个基于极坐标控制器的定点控制功能包,提供了一个 PolarController 类,可以进行极坐标定点控制器的计算。

以下逐一进行各个程序包的关键代码解析。

1. joy2twist 关键代码解析

打开./launch/xbox.launch 文件,修改参数如下:

```
<launch>
<! -- 根据是否使用时间戳,填写下行 value = True 或 False-->
<arg name="use_stamped" value="False"> </arg>
<node pkg="joy" name="joy_node" ype="joy_node" output="screen" />
<node pkg="joy2twist" name="xbox" type="xbox" output="screen" >
<param name="/use_stamped" value=" $ (arg use_stamped)"/>
<! --根据需要发布的话题名,填写下行中 to 后面的内容,例如 dashgo 小车需要使用的名字为:"/smoother_cmd_vel"-->
<remap from="cmd_vel" to="/smoother_cmd_vel"/>
</node>
</launch>
```

核心代码保存于 src/xbox.cpp,具体功能见注释。

```
void JoyCallback(const sensor_msgs∷Joy∷ConstPtr& msg)
{
/* 读取 sensor_msgs 中的 Joy 类型数据,将遥控器遥控数据映射到 Twist 类型数据,用于控制无人机或者无人小车
```

```
    *    isStamped 参数表示发布 Twist 的类型
    *    当 isStamped == True,表示发布 geometry_msgs/TwistStamped 类型
    *    当 isStamped == False,表示发布 geometry_msgs/Twist 类型
    */
    if(isStamped) {
        geometry_msgs::TwistStamped twist;
        twist.header.frame_id = "world";
        wist.header.stamp = ros::Time::now();
        twist.twist.angular.x=0;
        twist.twist.angular.y=0;
        twist.twist.angular.z=msg->axes[0];
        twist.twist.linear.x=msg->axes[4];
        twist.twist.linear.y=msg->axes[3];
        wist.twist.linear.z=msg->axes[1];
        pub.publish(twist);}
else{
        geometry_msgs::Twist twist;
        twist.angular.x=0;
        twist.angular.y=0;
        twist.angular.z=msg->axes[0];
        twist.linear.x=msg->axes[4];
        twist.linear.y=msg->axes[3];
        twist.linear.z=0;
        pub.publish(twist);
    }
}
```

2. vicon_bridge 关键代码解析

打开. /launch/vicon. launch 文件,修改参数如下:

```
<launch>
    <node pkg="vicon_bridge" type="vicon_bridge" name="vicon" output="screen">
        <param name="stream_mode" value="ClientPull" type="str" />
        <!--修改下方 value 后的数值为 VICON 软件所在的局域网 IP 地址和端口号(可以从 VICON
软件所在的计算机上读取),例如实验室的 WIFI 名为 zdh,对应 IP 和端口号如下-->
        <param name="datastream_hostport" value="192.168.0.13:801" type="str" />
        <param name="tf_ref_frame_id" value="/world" type="str" />
```

```
    </node>
</launch>
```

3. vicon_repub 关键代码解析

打开./launch/vicon. launch 文件,修改参数如下:

```
<launch>
  <rosparam command="load" file="$(find vicon_repub)/config/map. yaml"/>
  <rosparam command="load" file="$(find polar_controller)/config/default. yaml"
  />
  <node pkg="vicon_repub" name="vicon_repub" type="vicon_repub" output = "screen">
  <!-- 修改下方to后面的节点名字为 VICON 节点的名字 -->
    <remap from="/vicon_input" to="/vicon/vehicle/vehicle" />
    <!--修改下方to后面的节点名字为想要发布的节点名字-->
    <remap from="/vicon_output" to="/vicon_odom"/>
  </node>
  <node pkg="rviz" name="rviz" type="rviz" args="-d $(find vicon_repub)/config/ default. rviz" />
  <include file="$(find joy2twist)/launch/xbox. launch"/>
  <include file="$(find vicon_bridge)/launch/vicon. launch"/>
  <include file="$(find dashgo_driver)/launch/driver. launch"/>
</launch>
```

核心代码保存在 src/vicon_repub. cpp 中,具体功能和注释如下:

```
void vicon_callback(const geometry_msgs::TransformStamped::ConstPtr & msg){
  /* 读取 geometry_msgs 中的 TransformStamped 类型数据,将 VICON 发布的位姿数据转化更常用
的 nav_msgs/Odometry 类型 */
  nav_msgs::Odometry odom_;
  odom_. pose. pose. position. x = msg-> transform. translation. x;
  odom_. pose. pose. position. y = msg-> transform. translation. y;
  odom_. pose. pose. position. z = msg-> transform. translation. z;
  odom_. pose. pose. orientation = msg-> transform. rotation;
  odom_. header. stamp = ros::Time::now();
  /* 设置可视化轨迹的坐标系为世界坐标系 world */
  odom_. header. frame_id = "world";
  odom_pub. publish(odom_);
}
```

即在动捕话题的回调函数中重新整理消息类型,并发布到 ROS 话题广场中。

4. polar_controller 关键代码解析

打开 ./launch/vicon. launch 文件,修改参数如下:

```
<launch>
    <rosparam command="load" file="$(find vicon_repub)/config/map. yaml"/>
    <nodepkg="polar_controler" type="controller" name="controller">
    <!--修改下方 to 为里程计输入的节点名字-->
        <remap from="/odom" to="/vicon_odom" />
        <!--修改下方 to 后面为 RViz 2D Nav Goal 输入的名字 -->
        <remap from="/goal" to="/move_base_simple/goal" />
    </node>
    <include file="$(find vicon_repub)/launch/vicon. launch"/>
    <include file="$(find joy2twist)/launch/xbox. launch"/>
    <include file="$(find vicon_bridge)/launch/vicon. launch"/>
    <include file="$(find dashgo_driver)/launch/driver. launch"/>
</launch>
```

polar_controller 中提供了一个纯头文件构成的极坐标控制器类,支持用户将该控制器部署到各种设备中。

```
#ifndef VICON_REPUB_POLAR_CONTROLLER_HPP
#define VICON_REPUB_POLAR_CONTROLLER_HPP
#include "geometry_msgs/Twist. h"
#include "nav_msgs/Odometry. h"
#include "ros/ros. h"
#include "Eigen/Core"
#include "tf/tf. h"
#include "memory"
using namespace Eigen;
using namespace std;
class PolarController {
private:
    ros::NodeHandle nh_;
    struct ControllerParam {
    double k_alpha,k_beta,k_dis;
        double limit_vel,limit_ang;
    } cp_;
    /* 对输出线速度大小进行限幅 */
```

```
Inline void cap_range( double &val, double val_min, double val_max ) {
    if( val > val_max ) val = val_max;
    if( val < val_min ) val = val_min;
}
/* 对输出角速度大小进行限幅 */
Inline void cap_angle( double &val) {
    while ( fabs(val) > M_PI && val < 0 ) {
        val += 2 * M_PI;
    }
    while ( fabs(val) > M_PI && val > 0 ) {
        val -= 2 * M_PI;
    }
}
public:
    PolarController( ) { }
    ~ PolarController( ) { }
    typedef shared_ptr<PolarController> Ptr;
    inline void init( ros::NodeHandle nh) {
        nh_ = nh;
        /* 读取 PID 参数 */
        nh_. param<double>("/controller/pid/alpha",cp_. k_alpha,-0.1);
        nh_. param<double>("/controller/pid/beta",cp_. k_beta,-0.1);
        nh_. param<double>("/controller/pid/dist",cp_. k_dis,-0.1);
        nh_. param<double>("/controller/limit/ang",cp_. limit_ang,-0.1);
        nh_. param<double>("/controller/limit/vel",cp_. limit_vel,-0.1);
    ROS_INFO(" CONTROLLER INIT SUCCESS, with k_alpha =% lf, k_beta = % lf, k_dis = % lf,
limit_vel = % lf, limit_ang = % lf. ",cp_. k_alpha,cp_. k_beta,cp_. k_dis, cp_. limit_vel,cp_. limit_ang) ; }
    /* 定点控制器算法 */
    Inline geometry_msgs::Twist positionControl( nav_msgs::Odometry odom, Vector3d target) {
    /* 将姿态四元数转化为欧拉角,获得车身航向角 yaw */
        tf::Quaternion quat;
        tf::quaternionMsgToTF( odom. pose. pose. orientation, quat );
        double yaw,pitch,roll;
        tf::Matrix3x3( quat). getRPY( roll,pitch,yaw) ;
    /* 将位置速度类型转化为 Eigen 类型 */
```

```
    Vector3d curPos;

    Vector2d curVel;

    curPos << odom. pose. pose. position. x, odom. pose. pose. position. y, yaw;

    curVel << odom. twist. twist. linear. x, odom. twist. twist. angular. z;
/*计算控制器当前误差*/
    double err_ang_alpha, err_ang_beta, err_distance;

    err_distance = sqrt( pow(target. y( ) - curPos. y( ), 2) + pow(target. x( ) - curPos. x( ), 2) );

    err_ang_alpha = atan2( target. y( ) - curPos. y( ), target. x( ) - curPos. x( ) ) - curPos. z( );

    err_ang_beta =target. z( ) - curPos. z( );
/*误差角度限幅*/
    cap_angle( err_ang_beta);

    cap_angle( err_ang_alpha);
/*计算比例控制输出*/
    geometry_msgs::Twist vel_msg;

    double cur_alpha = cp_. k_alpha;

    double output_ang = ( err_ang_alpha * cp_. k_alpha+ err_ang_beta * cp_. k_beta);

    double output_vel = err_distance * cp_. k_dis;

    cap_range( output_ang, -3,3);

    vel_msg. angular. z = output_ang>cp_. limit_ang? cp_. limit_ang:output_ang;

    vel_msg. linear. x = output_vel>cp_. limit_vel? cp_. limit_vel:output_vel;

    return vel_msg;  // 返回速度计算结果

  }

};
#endif //VICON_REPUB_POLAR_CONTROLLER_HPP
```

8.2　红绿灯识别实验

　　本节使用轮式机器人上配备的摄像头识别红绿灯,遇到红灯时机器人停止运动,遇到绿灯时机器人正常行驶。使用 OpenCV 训练分类器样本检测和识别红绿灯的位置和颜色。使用的奥比中光摄像头参数:深度范围为 $0.6 \sim 8$ m;彩色图分辨率为 $640 \times 480@$ 30FPS;结构尺寸为 165 mm×40 mm×30 mm。

8.2.1　实验原理

　　由于红灯和绿灯的特征差别较小,导致直接进行红绿灯识别存在较大的误差。为了提高红绿灯识别的效果与效率,将红绿灯识别分为两个部分:红绿灯位置识别和红绿灯颜色识别。

1. 红绿灯位置识别

实验采用 AdaBoost 算法来进行红绿灯位置识别。AdaBoost 算法是一种迭代算法,在每一轮中加入一个新的弱分类器,直到达到某个预定的足够小的错误率。每一个训练样本都被赋予一个权重,表明它被某个分类器选入训练集的概率。如果某个样本点已经被准确地分类,那么在构造下一个训练集时,它被选中的概率就被降低;相反,如果某个样本点没有被准确地分类,那么它的权重就得到提高。通过这样的方式,AdaBoost 算法能"聚焦于"那些较难分的样本上。通过多次迭代,其能实现样本的准确分类。AdaBoost 算法还可实现:①初始化训练数据的权值分布。假设有 n 个样本数据,初始化所有样本权值为 $1/n$。②训练所有的弱分类器。具体训练过程中,如果某个样本已经被准确地分类,那么在构造下一个训练集时,它的权重就被降低;相反,如果某个样本点没有被准确地分类,那么它的权重就得到提高,同时得到弱分类器对应的话语权。更新权值后的样本集被用于训练下一个分类器,整个训练过程如此迭代地进行下去。用 OpenCV 实现 AdaBoost 算法的方法:首先使用 OpenCV_traincascade.exe 训练分类器;其次使用 cascade.detectMultiScale(dstImage, rect, 1.15, 3, 0) 确定图片中红绿灯的位置,其中 dstImage 为待检测图片,rect 为检测结果。

2. 红绿灯颜色识别

红绿灯位置识别以后需要确定红绿灯的颜色:①截取红绿灯位置,去除图片中的背景。②将红绿灯图片转换到 HSV(HSV:Hue 色调,Saturation 饱和度,Value 明度)颜色空间并依据一定的范围进行二值化。由于 HSV 颜色空间中的像素值对颜色敏感,因此可以通过提取指定范围内的像素值确定红绿色区域。③对包含红绿区域的红绿灯的二值图像进行轮廓提取,并确定轮廓大小。依靠轮廓大小及位置确定红绿灯的颜色。④为了提高颜色识别准确率,需要确定连续多帧图像中红绿灯的颜色,当连续多帧图像的颜色大于一定阈值时,则认为是颜色判断成功,并输出结果。

OpenCV 实现方法如下:①使用 rectangle 提取出感兴趣区域(Region of Interest,ROI)。②使用 cvtColor 转换颜色空间。③使用 inRange 对图像进行二值化。④使用 findContours 提取轮廓。⑤依据轮廓的大小和位置判断红绿灯的颜色。

红绿灯正样本是包含红绿灯的所有图片。正样本图片采集的方法是:人为推动机器人从红绿灯左侧、右侧等不同角度经过。红绿灯负样本是不包含红绿灯的所有图片,这里的不包含可以认为是距离红绿灯检测有效范围很远的区域,一般选取整个交通环境。

8.2.2 实验方法

1. 图片的拍摄与选取

(1)摄像头启动方法。

注意:如果使用的是奥比中光摄像头,不能通过 USB 方式获取图像,需通过命令方式打开相应的程序;如果使用 ZED 摄像头,则可以直接通过 USB 方式接到计算机,获取图像。

输入以下命令打开程序:

$ source devel /setup. bash

$ roslaunch dashgo_nav navigation_camera_imu. launch

$ rosrun traffic reading

如果此时想查阅话题发布消息的频率,可以使用如下命令:

$ rostopic hz/camera/rgb/image_raw

注意:在 src/reading 程序中,将 ROS 图片格式转换成了 OpenCV 格式,并将图片保存到 data 文件夹下。

(2)将图片文件夹拷贝到 Windows 系统下,正样本需要抠图:将所有图片的红绿灯部分抠出来,可以使用画图软件,存储的格式可以是 jpg、bmp 等图像格式。

(3)将图片归一化成同样尺寸、大小,如宽高为(20,40),使用如下 C++代码实现(正样本需要归一化,负样本不需要):

```
#include <opencv2/opencv. hpp>
#include <iostream>
using namespace std;
using namespace cv;
//将指定文件夹下的所有的图片归一化到指定大小
int main( )
{
  std::string pattern_img;
  std::vector<cv::String> img_files;   //文件夹下的所有图片文件的文件名
  pattern_img = "pos/ * . jpg";   //pos 文件夹下的所有后缀为.jpg 的文件
  cv::glob(pattern_img, img_files);   //提取所有后缀为.jpg 的文件的文件名
  char imgName[120];
  int idx = 0;
  for (int ii = 0; ii<img_files. size( ); ii++) {
    cout << img_files[ii] << endl;   //输出文件名
```

```
    Mat dd = imread(img_files[ii]);  //读取图片

    imshow("dd", dd);  //显示图片

    waitKey(10);

    Mat dst;

    resize(dd, dst, Size(20, 40));  //归一化到宽高为(20,40)大小

    sprintf(imgName, "norm/%d.jpg", idx++);  //生成新的文件名

    imwrite(imgName, dst);  //写入新的文件夹

    }

    cout << "img size =" << idx << endl;

    return 0;}
```

2. 训练样本,获得 xml 文件(本实验为 cascade. xml)

(1)建立一个文件夹 astarTrain,在 astarTrain 下建立 4 个子文件夹,分别为 bin、data、neg、pos,作用如下。

①bin:OpenCV 的库文件,主要包括 opencv_createsamples. exe 和 opencv_traincascade. exe。寻找的位置为 opencv/install/x64/vc14/bin。

②data:放置训练的中间过程和结果。

③neg:不包含红绿灯的图片(一般选择 2 000 ~3 000 幅)。

④pos:存放正样本图片(一般选择 1 000 幅左右)。

(2)正样本的制作。

在 Windows 下操作,按键盘的"Windows"标志键+"R"进入 cmd,然后先后输入以下命令:

C:\Users\steven>cd Desktop

C:\Users\steven\Desktop>cd astarTrain

C:\Users\steven\Desktop\astarTrain>

C:\Users\steven\Desktop\astarTrain>cd pos

C:\Users\steven\Desktop\astarTrain\pos>dir /b> posdata. txt

C:\Users\steven\Desktop\astarTrain\pos>

C:\Users\steven\Desktop\astarTrain\pos>dir /b> posdata. txt

C:\Users\steven\Desktop\astarTrain\pos>cd . . \neg

C:\Users\steven\Desktop\astarTrain\neg>dir /b> negdata. txt

注意:需要修改 posdata. txt 文本,去掉最后一行,并将 jpg 统一替换为 jpg 1 0 0 20 40(每个数字之前都有空格),图 8.5 为绿灯正样本图片,图 8.6 为绿灯正样本文件格式。

```
0.jpg 1 0 0 20 40
1.jpg 1 0 0 20 40
10.jpg 1 0 0 20 40
11.jpg 1 0 0 20 40
12.jpg 1 0 0 20 40
2.jpg 1 0 0 20 40
3.jpg 1 0 0 20 40
4.jpg 1 0 0 20 40
5.jpg 1 0 0 20 40
6.jpg 1 0 0 20 40
7.jpg 1 0 0 20 40
8.jpg 1 0 0 20 40
9.jpg 1 0 0 20 40
```

图 8.5　绿灯正样本图片　　　　图 8.6　绿灯正样本文件格式

（3）负样本的制作。

负样本与正样本的制作过程相似,在 Windows 下操作,最后生成 negdata. txt 文本。图 8.7 为负样本图片。

图 8.7　负样本图片

（4）开始训练。

使用如下命令训练样本(在 Windows 下操作)：

C:\Users\steven\Desktop\astarTrain\neg>cd .. \bin

C:\Users\steven\Desktop\astarTrain\bin>opencv_createsamples. exe-info .. \pos\posdata. txt -vec .. \ data\pos. vec -num 2229 -w 20 -h 40

//-num 为正样本个数,根据实际样本数修改

C:\Users\steven\Desktop\astarTrain\bin>cd .. \neg

C:\Users\steven\Desktop\astarTrain\neg> .. \bin\opencv_traincascade. exe -data .. \data -vec .. \data\ pos. vec -bg negdata. txt -numPos 13 -numNeg 27 -numstages 20 -featureType LBP -w 20 -h 40

//-numPos 正样本个数,取值一般稍微小于总样本数;-numNeg 负样本个数;-numstages 训练层数;- featureType 训练特征类型

（5）将训练后的 xml 文件拷贝到指定目录下。

训练完成后,在 data 目录下有一个 cascade. xml 文件,该文件为目标分类器。将训练

后的 xml 文件拷贝到 Linux 系统下的工控机模块中,dashgo_ws/···./src/下(具体查看工控机中的 dashgo_ws 目录),并将 dashgo_ws 下的代码文件 trafficiane. cpp(使用分类器检测红绿灯位置和颜色的程序)中关于 xml 文件的路径按实际路径修改。

3. 启动程序,测试红绿灯检测结果

当机器人检测到红灯时,终端会输出"检测到红灯,红灯帧数 10,总帧数 = 50"(示例),表示过去 50 帧图片中检测到红灯状态 10 帧。当机器人检测到绿灯时,终端会输出"检测到绿灯,绿灯帧数=9,总帧数=50",表示过去 50 帧图片中检测到绿灯状态 9 帧。当终端没有输出检测到红灯或者绿灯时,表示没有检测到红绿灯。

8.2.3　程序设计流程及关键代码说明

图 8.8 给出了程序设计流程。

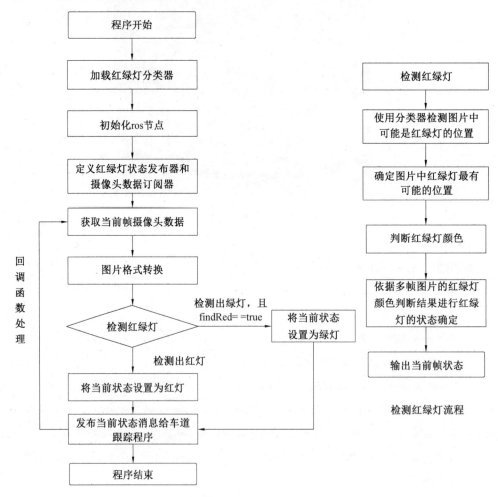

图 8.8　程序设计流程

关键代码说明：

（1）int main(int argc, char ＊ ＊argv)函数。

bool loadxml＝cascade. load(" ～/src/dashgo/traffice/src/cascade. xml")中 loadxml 为分类器导入成功标志,cascade 为分类器," ～/src/dashgo/traffice/src/cascade. xml"为分类器 cascade. xml 文件所在的路径。pub ＝ n. advertise<std_msgs∶∶Bool>("/isRed", 2)为红绿灯状态发布器,其中 std_msgs∶∶Bool 为发布器发布的数据类型,"/isRed"为发布器所发消息的节点。sub ＝ n. subscribe("/camera/rgb/image_raw", 100, chatterCallbackCam)为图像传感器订阅器,其中"/camera/rgb/image_raw"为订阅节点,chatterCallbackCam 为回调处理函数。

（2）void chatterCallbackCam(const sensor_msgs∶∶Image∶∶ConstPtr& msg)函数。

src. data[i] ＝ (uchar)msg->data[i]将图片的数据类型从 ROS 中的 sensor_msgs∶∶Image 转换到 OpenCV 中的 Mat 类型。cv∶∶cvtColor(src, dst, CV_BGR2RGB)将图片从 BGR 转换到 RGB 颜色空间。dectedRed＝dectedImg(dst, cascade)使用 cascade 分类器对 dst 图片进行红绿灯检测,当 dectedRed＝1 时表示检测出红灯,否则表示没有检测出红灯。

（3）int dectedImg(cv∶∶Mat& dstImage,cv∶∶CascadeClassifier cascade)函数。

cascade. detectMultiScale(dstImage, rect, 1. 15, 3, 0)函数为红绿灯位置检测,其中,dstImage 待检测图片,rect 检测结果中可能有一个或者多个红绿灯矩形框,当检测结果中只有一个红绿灯矩形框时认为该矩形框为红绿灯,当检测结果中有多个红绿灯矩形框时则以最靠近上一帧红绿灯的矩形框为红绿灯。Mat rectImage ＝ dstImage. clone()(rect[rectIdx])函数可截取红绿灯的位置。int lightColor ＝ trafficDect(rectImage)函数对矩形框 rectImage 中的红绿灯进行颜色判断,当 lightColor＝0 时表示矩形框中红灯亮,否则表示矩形框中绿灯亮。统计连续多帧图片的颜色判断结果时用 if (redFrame ／ float(detectSize) > detectfrq)语句,如果 detectSize 帧图片中检测出红灯帧数 redFrame 大于一定阈值 detectSize,则认为当前状态为红灯,否则当前状态不为红灯。

（4）int trafficDect(cv∶∶Mat _src)函数。

cv∶∶inRange(imgHsv, cv∶∶Scalar(lowH, lowS, lowV), cv∶∶Scalar(heightH,heightS, heightV), imgThreshold)函数以一定阈值对转换到 HSV 颜色空间的源图片 imgHsv 进行二值化,二值化结果放在 imgThreshold 中。二值化以后使用开操作 cv∶∶morphologyEx(imgThreshold, imgThreshold, MORPH_OPEN, element)对图片进行滤波;imgThreshold 滤波后使用 cv∶∶findContours(imgThreshold, contours, hei,RETR_TREE, CHAIN_APPROX_NONE)查找轮廓,其中 img Threshold 为输入的二值图像,contours 为查找到的轮廓,hei 为轮廓之间的递进关系 RETR_TREE 表示提取所有轮廓并组织成轮廓嵌套的完整层级结构,CHAIN_APPROX_NONE 可将轮廓中所有点的编码转换成点。轮廓提取中可能会提取

出一个或多个轮廓:当只有一个轮廓时,则认为该轮廓为红绿灯中亮灯的轮廓;当有多个轮廓时取面积最大的轮廓为红绿灯亮灯的轮廓。由于实验中所使用的红绿灯的红灯在上、绿灯在下,因此可以依据亮灯轮廓的 y 坐标值判断亮灯轮廓的颜色。

8.3　车道线识别实验

本节使用轮式机器人上配备的 ZED 摄像头识别白色和黄色车道线,让机器人在车道线内行驶,模拟汽车交通运行。

8.3.1　实验原理

图片预处理,由于 ZED 摄像头为双目摄像头,在车道线识别实验中需要截取左目图片。将 ZED 输出的 RGB 图像转换到 HSL(也称 HLS,色相 Hue,饱和度 Saturation,亮度 Lightness/Luminance)颜色空间:由于车道线通常由白线和黄线组成,为了准确识别车道线颜色,需要将图像转换到 HSL 颜色空间中(HSL 颜色空间中 Lightness/Luminance 值越大表示像素值越白,Saturation 值越大表示像素值越鲜艳)。

设 (R,G,B) 分别是一个颜色的红、绿、蓝坐标,它们的值是在 $0\sim1$ 之间的实数。设 max 等价于 R、G 和 B 中的最大者,设 min 等价于 R、G、B 中的最小者。要找到在 HSL 空间中的 (H,S,L) 值(这里 $H\in[0,360]$ 是角度的色相角,S、$L\in[0,1]$ 是饱和度和亮度),RGB 颜色空间到 HSL 颜色空间的转换公式为

$$
h = \begin{cases}
0°, & \max = \min \\
60° \times \dfrac{g-b}{\max = \min} + 0, & \max = r \text{ 且 } g \geqslant b \\
60° \times \dfrac{g-b}{\max = \min} + 360, & \max = r \text{ 且 } g < b \\
60° \times \dfrac{g-b}{\max = \min} + 120, & \max = g \\
60° \times \dfrac{g-b}{\max = \min} + 240, & \max = b
\end{cases}
\tag{8.1}
$$

$$
l = \frac{1}{2}(\max + \min)
$$

$$
s = \begin{cases}
0, & l = 0 \text{ 或 } \max = \min \\
\dfrac{\max - \min}{\max + \min}, & 0 < l \leqslant \dfrac{1}{2} \\
\dfrac{\max - \min}{2 - (\max + \min)}, & l > \dfrac{1}{2}
\end{cases}
\tag{8.2}
$$

分别对 L 通道和 S 通道预处理,求解出 L 通道值和 S 通道值在 x 方向上的梯度,并将其二值化。其中 x 方向上的梯度定义为:$G_x(x,y)=f(x,y)-f(x-1,y)$,使用 OpenCV 求解图像过程中,通常使用模板 $[-1,0,1]$ 对图片做卷积。

(1)求解车道线截面。以求解 L 通道的车道线截面为例,首先使用膨胀和腐蚀的方法对图片 L 通道的二值图片进行滤波;其次选取一个特定大小的区域,求解出该区域中所有的车道线截面(车道线截面的求解方法:在一个连续的指定大小的宽度内,满足梯度值大于一定阈值的线段为车道线截面)。以同样方法求解出 S 通道的车道线截面。

(2)确定车道线坐标。统计出一定宽度内的 L 通道中所有车道线截面,取车道线截面最多的位置为 L 通道中车道线的坐标,同理求解出 S 通道中的车道线坐标。当 L 通道的车道线截面与 S 通道的车道线截面的数量的差值大于一定值时,取车道线截面数量比较大的通道的车道线坐标为最终的车道线坐标。

8.3.2　程序设计流程及说明

(1)打开 ZED 相机。

(2)初始化 ROS 节点。

(3)订阅话题:订阅红绿灯状态 topic "/isRed",用来检测是否为红灯状态;订阅障碍物 topic "/isObs",用来检测前方是否有障碍物;订阅跟踪 topic "/turtlebot_follower/cmd_vel_x",用来跟踪前车;发布速度 topic "/cmd_vel",用来发布机器人小车行走的速度(如果仅仅是车道线识别实验,无须订阅以上话题消息)。

(4)检查 ZED 摄像头是否正常打开。正常打开之后需要等待 2 s,以确保摄像头正常启动。

(5)由于 ZED 摄像头是双目摄像头,在实验中进行车道线检测时只用到了左目图像,因此,进行车道线检测时需要从 ZED 原始图像中截取出左目图像。

(6)将左目图像从 RGB 颜色空间转换到 HLS 颜色空间,并将 HLS 颜色空间中的 3 个通道进行分离。图 8.9 为 RGB 到 HLS 空间转换的效果图。

图 8.9　RGB(左图)到 HLS(右图)空间转换

(7)分别求解 L 通道和 S 通道的 x 方向上的梯度值,并对 L、S 通道进行二值化。使用膨胀和腐蚀的方法对图像 L、S 通道的二值图像进行滤波。图 8.10 依次给出梯度、二值化、膨胀、腐蚀后的图像效果。

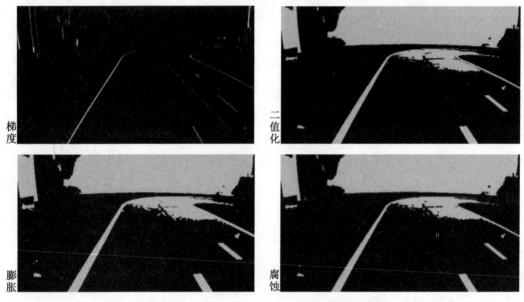

梯度

二值化

膨胀

腐蚀

图 8.10　梯度、二值化、膨胀、腐蚀后的图像效果

分别求解 L、S 通道中所有可能的车道线截面。首先将 L 或 S 通道进行滤波,其次选取一个合适的区域(通常为车道线最可能在的区域,本实验中选取图像左下角中 0.2 倍高、0.5 倍宽的图像大小),取 x 方向上的一段连续的梯度值,当这一段梯度的长度满足一定的阈值、梯度大于一定阈值时,则认为这一段梯度为一个车道线截面,进一步查找出该区域的所有车道线截面。图 8.11 给出了车道线检测流程图。

(1)依据车道线截面确定车道线坐标。统计 L 道或 S 通道中所有的车道线截面的中点,取一定宽度内车道线截面中点数量最多的截面中点坐标,作为该通道的车道线中点坐标。取 L 或 S 通道中车道线截面数量大的通道的车道线坐标,作为最终的车道线坐标。

(2)向底盘发送速度。将小车的线速度设置为固定值,由矫正后的车道线坐标来确定小车的角速度,当小车检测到红灯或者小车前方有障碍物时,需要停车,发送给底盘的速度为 0;否则检测小车是否处于跟随状态,当小车距离太远时,依靠固定的线速度和车道线坐标确定角速度,当小车距离太近时,停车。当小车没有处于红灯状态或者前方没有障碍物且没有处于跟踪状态时,小车依靠固定的线速度和车道线坐标确定的角速度正常行走(如果仅仅是车道线识别实验,判断红绿灯、障碍和跟随)。

(3)处理回调函数,更新红绿灯状态、障碍物状态、跟踪状态等信息,循环处理下一帧图像。

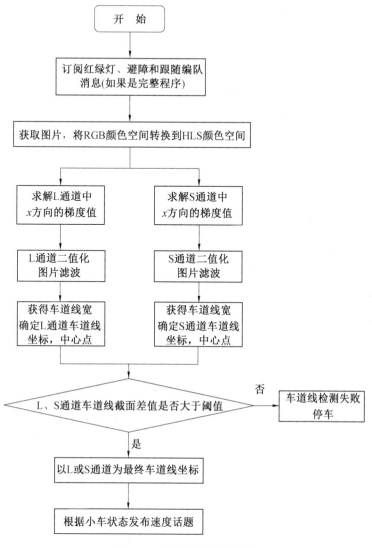

图 8.11 车道线检测流程图

8.4 摄像头在 ROS 中的应用实验

本节通过两个实验了解摄像头在 ROS 中的应用:单目摄像头识别二维码、融合深度摄像头导航。

8.4.1 单目摄像头识别二维码

实验使用的 ROS 包如下:

①probot_vision,摄像头启动和畸变纠正包。

②apriltag_ws,二维码识别算法 ROS 工程。

③apriltag_ros-master,二维码识别算法 ROS 启动包。

需要安装如下两个包：

①USB 摄像头 ROS 驱动包。

sudo apt-get install ros-kinetic-usb-cam

②ROS 标定功能包。

sudo apt-get install ros-kinetic-camera-calibration

实验内容：

步骤1：在第一个终端启动单目摄像头。

roslaunch probot_vision usb_cam. launch

步骤2：在第二个终端启动畸变校准节点程序。

rosrun probot_vision image_correct

步骤3：在第三个终端启动识别二维码 launch 文件。

roslaunch apriltag_ros continuous_detection. launch

步骤4：在第四个终端启动界面观察结果。

rqt_image_view

在启动 rqt_image_view 观察图像时,选择/usb_cam/image_raw,显示的是单目摄像头原始图像,结果如图 8.12 所示;选择/usb_cam/image_correct,显示的是纠正畸变后的单目摄像头图像,结果如图 8.13 所示;选择/tag_detections_image,显示的是识别到二维码的图像,结果如图 8.14 所示;当 apriltag 算法识别到二维码时,会标注二维码编号,并获取到二维码中心相对于摄像头的坐标,发布到 continuous_detection 主题中,如图 8.15 所示。

图 8.12　单目摄像头原始图像

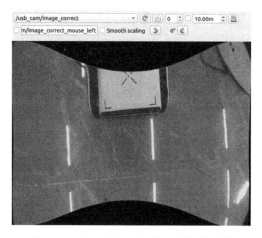

图 8.13　纠正畸变后的单目摄像头图像

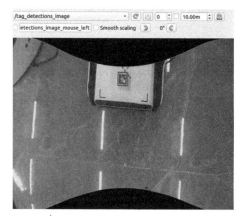

图 8.14　识别到二维码的图像

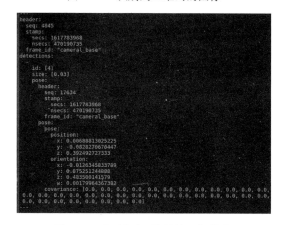

图 8.15　识别到二维码的坐标信息

实验关键代码解析如下。

1. 单目摄像头驱动 launch

```
<launch>
```

```
<node name="usb_cam" pkg="usb_cam" type="usb_cam_node" output="screen" >
<! --单目摄像头 USB 口名-->
  <param name="video_device" value="/dev/video1" />
  <param name="image_width" value="640" />
  <param name="image_height" value="480" />
  <param name="pixel_format" value="yuyv" />
  <param name="camera_frame_id" value="cameral_base" />
  <param name="io_method" value="mmap"/>
</node>
</launch>
```

注意:计算机自带摄像头的串口识别名为/dev/video0,因此当另外插入一个单目摄像头时,会自动识别为/dev/video1。

2. 摄像头内参标定

启动摄像头:

$ roslaunch probot_vision usb_cam. launch

启动标定程序:

$ rosrun camera_calibration cameracalibrator. py --size 8×6 --square 0.03 image:=/usb_cam/image_raw camera:=/usb_cam

摄像头内参标定界面如图 8.16 所示,该棋盘角点个数为 8×6(X 方向角点个数为 8, Y 方向上的角点个数为 6),方框边长为 0.03 m,移动标定板,让摄像头完成数据采集,再计算内参:

①X:标定板在摄像头视野中左右移动。

②Y:标定板在摄像头视野中上下移动。

③Size:标定板在摄像头视野中前后移动。

④Skew:标定板在摄像头视野中倾斜转动。

当 X、Y、Size、Skew 进度条为绿色时表示标定完成,点击"CAUBRATE"计算内参,并在/tmp 目录下生成内参文件。把内参文件中的参数添加到 image_correct. cpp 节点源码中并编译,编辑生成的 yaml 内参文件内容如下:

```
image_width: 640
image_height: 480
camera_name: narrow_stereo
camera_matrix:
  rows: 3
  cols: 3
```

图 8.16　摄像头内参标定界面

data：［371.450355, 0.000000, 320.451676, 0.000000, 494.574368, 234.028774, 0.000000, 0.000000, 1.000000］

distortion_model：plumb_bob

distortion_coefficients：

　　rows：1

　　cols：5

　　data：［-0.347383, 0.081498, 0.004733, -0.001698, 0.000000］

rectification_matrix：

　　rows：3

　　cols：3

　　data：［1.000000, 0.000000, 0.000000, 0.000000, 1.000000, 0.000000, 0.000000, 0.000000, 1.000000］

projection_matrix：

　　rows：3

　　cols：4

　　data：［259.826508, 0.000000, 315.350456, 0.000000, 0.000000, 484.122009, 215.044332, 0.000000, 0.000000, 0.000000, 1.000000, 0.000000］

根据内参文件填写的矩阵代码如下：

cameraMatrix = Mat::eye(3, 3, CV_64F)；

　　cameraMatrix.at<double>(0, 0) = 371.450355；

　　cameraMatrix.at<double>(0, 1) = 0.000000；

　　cameraMatrix.at<double>(0, 2) = 320.451676；

　　cameraMatrix.at<double>(1, 0) = 0.000000；

　　cameraMatrix.at<double>(1, 1) = 494.574368；

```
    cameraMatrix. at<double>(1, 2) = 234.028774;

    cameraMatrix. at<double>(2, 0) = 0.000000;

    cameraMatrix. at<double>(2, 1) = 0.000000;

    cameraMatrix. at<double>(2, 2) = 1.000000;

    distCoeffs = Mat::zeros(5, 1, CV_64F);

    distCoeffs. at<double>(0, 0) = -0.347383;

    distCoeffs. at<double>(1, 0) = 0.081498;

    distCoeffs. at<double>(2, 0) = 0.004733;

    distCoeffs. at<double>(3, 0) = -0.001698;

    distCoeffs. at<double>(4, 0) = 0;
```

3. 摄像头畸变纠正

摄像头畸变纠正时需使用节点 image_correct. cpp,其内容如下:

```cpp
#include <ros/ros. h>

#include <image_transport/image_transport. h>

#include <cv_bridge/cv_bridge. h>

#include <sensor_msgs/image_encodings. h>

#include <opencv2/imgproc/imgproc. hpp>

#include <opencv2/highgui/highgui. hpp>

#include "opencv2/opencv. hpp"

#include <vector>

using namespace cv;

static const std::string OPENCV_WINDOW = "Image window";

class ImageCorrect

{

  ros::NodeHandle nh_;

  image_transport::ImageTransport it_;

  image_transport::Subscriber image_sub_;

  image_transport::Publisher image_pub_;

public:

    Mat cameraMatrix;   //定义摄像头的畸变纠正矩阵变量

    Mat distCoeffs;

  ImageCorrect()

    : it_(nh_)

  {
```

/ *定义订阅器,通过/usb_cam/image_raw 主题订阅摄像头原始数据,并进入 imageCb 回调函数处

理 ＊／

```
    image_sub_ = it_. subscribe("/usb_cam/image_raw", 1, &ImageCorrect::imageCb, this);
    /＊定义发布器,将纠正畸变后的图像数据发送到/usb_cam/image_correct 主题中＊/
    image_pub_ = it_. advertise("/usb_cam/image_correct", 1);
    /＊填充畸变纠正矩阵＊/
        cameraMatrix = Mat::eye(3, 3, CV_64F);
        cameraMatrix. at<double>(0, 0) = 371. 450355;
        cameraMatrix. at<double>(0, 1) = 0. 000000;
        cameraMatrix. at<double>(0, 2) = 320. 451676;
        cameraMatrix. at<double>(1, 0) = 0. 000000;
        cameraMatrix. at<double>(1, 1) = 494. 574368;
        cameraMatrix. at<double>(1, 2) = 234. 028774;
        cameraMatrix. at<double>(2, 0) = 0. 000000;
        cameraMatrix. at<double>(2, 1) = 0. 000000;
        cameraMatrix. at<double>(2, 2) = 1. 000000;
        distCoeffs = Mat::zeros(5, 1, CV_64F);
        distCoeffs. at<double>(0, 0) = −0. 347383;
        distCoeffs. at<double>(1, 0) = 0. 081498;
        distCoeffs. at<double>(2, 0) = 0. 004733;
        distCoeffs. at<double>(3, 0) = −0. 001698;
        distCoeffs. at<double>(4, 0) = 0;
    }

    ~ ImageCorrect()
    {
    }

    void imageCb(const sensor_msgs::ImageConstPtr& msg)
    {
    cv_bridge::CvImagePtr cv_ptr;
    try
        {
    /＊将 ROS 格式的图像数据转换成 OpenCV 格式的图像数据＊/
        cv_ptr = cv_bridge::toCvCopy(msg, sensor_msgs::image_encodings::BGR8);
        }
    catch (cv_bridge::Exception& e)
        {
```

```
        ROS_ERROR("cv_bridge exception: %s", e.what());
        return;
    }
/* 调用 OpenCV 畸变纠正函数 initUndistortRectifyMap 纠正图像 */
    Mat    map1, map2, frameCalibration;
    initUndistortRectifyMap(cameraMatrix, distCoeffs, Mat(),
        getOptimalNewCameraMatrix(cameraMatrix, distCoeffs, Size(640,480), 1, Size(640,480),
0), Size(640,480), CV_16SC2, map1, map2);
/* 将纠正后的 OpenCV 图像转换成 ROS 格式图像数据,并发布 */
        remap(cv_ptr->image, cv_ptr->image, map1, map2, INTER_LINEAR);
        image_pub_.publish(cv_ptr->toImageMsg());
    }
};
int main(int argc, char ** argv)
{
    ros::init(argc, argv, "image_correct");
    ImageCorrect ic;
    ros::spin();
    return 0;
}
```

4. 二维码识别

在 ROS 中,利用 apriltag 算法识别特定二维码,其包含两部分:底层 apriltag 识别二维码算法,放在 apriltag_ws ROS 工程中;apriltag_ros-master 包,是将 apriltag 用 ROS 格式封装在 HIT_Test_ws/src/目录中。

下载安装 OpenMV IDE 软件,打开软件, 在"工具"—"机器视觉"—"AprilTag"生成器中选择 TAG36H11 家族二维码,然后填写需要生成的二维码个数,比如需要 id 为 0~10 的二维码,如图 8.17 所示。

图 8.17 填写需要生成的二维码个数

接下来选择图片存放的文件夹,在该文件夹会生成图片,如图 8.18 所示,用打印机打印出来即可使用。

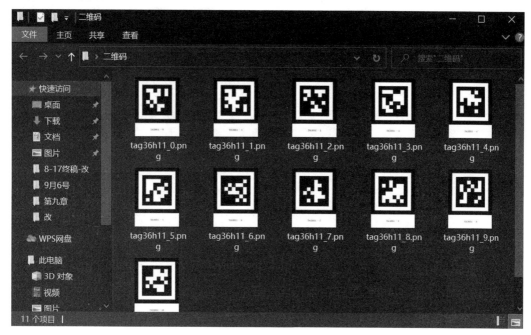

图 8.18　生成 0~10 的二维码

8.4.2　融合深度摄像头导航

本节以一个实验了解 ROS 平台中融合深度摄像头导航的方法,学习如何将摄像头数据添加到 costmap 中,并影响路径规划和避开障碍物。实验使用奥比中光摄像头,其 ROS 驱动安装方法如下:

```
$ sudo apt. get install ros-kinetic-astra *
```

将奥比中光摄像头 USB 的识别文件放到/etc/udev/rules 目录下:

```
$ roscd astra_camera
$ ./scripts/create_udev_rules
```

1. 实验内容

步骤 1:启动带深度摄像头的导航 launch。

```
$ roslaunch dashgo_nav navigation_camera_imu. launch
```

步骤 2:在计算机中,启动 RViz,观察地图。

```
$ roslaunch dashgo_rviz view_navigation. launch
```

步骤 3:在 RViz 上设置好机器人起点位置和目标点位置。机器人在导航过程中,如果摄像头探测到障碍物,会把障碍物立体地显示出来,如图 8.19 所示。

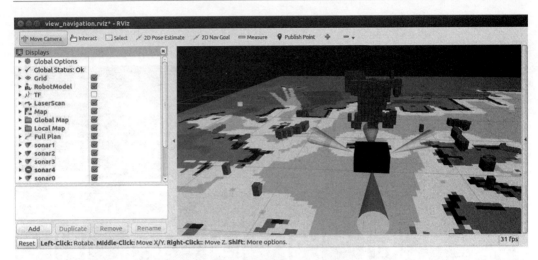

图 8.19　摄像头探测到的障碍物

2. 实验分析

（1）在奥比中光深度摄像头 launch 文件 astra. launch 末尾添加深度摄像头相对于机器人中心的 tf 位置参数。

```
<param name="/camera/driver/data_skip" type="int" value="6"/>

<! -- 深度相机相对底盘两轮中心位置的 tf 信息-->

<node pkg="tf" type="static_transform_publisher" name="base_link_to_camera"

  args="0.25 0.0 0.55 0.08 0.0 0.0 /base_footprint /camera_link 40" />
```

（2）导航 navigation_camera_imu. launch 内容如下：

```
<launch>

<include file=" $ (find astra_launch)/launch/astra. launch"/>

<include file=" $ (find dashgo_driver)/launch/driver_imu. launch"/>

<! --include file=" $ (find ltme01_driver)/launch/ltme01. launch"/-->

<include file=" $ (find ydlidar)/launch/ydlidar1_up. launch"/>

<include file=" $ (find dashgo_description)/launch/dashgo_description. launch"/>

<arg name="map_file" default=" $ (find dashgo_nav)/maps/eai_map_imu. yaml"/>

<node name="map_server" pkg="map_server" type="map_server" args=" $ (arg map_file)" />

<node pkg="amcl" type="amcl" name="amcl" respawn="True" output="screen">

  <rosparam file=" $ (find dashgo_nav)/config/amcl. yaml" command="load" />

</node>

<node pkg="move_base" type="move_base" respawn="False" name="move_base" output="screen" clear_params="True">

  <rosparam file=" $ (find dashgo_nav)/config/costmap_common_params. yaml" command="load" ns="global_costmap" />
```

```
<rosparam file=" $ (find dashgo_nav)/config/costmap_common_params. yaml" command=" load"
ns=" local_costmap" />
    <rosparam file=" $ (find dashgo_nav)/config/local_costmap_params. yaml" command=" load" />
    <rosparam file=" $ (find dashgo_nav)/config/global_costmap_params. yaml" command=" load" />
    <rosparam file=" $ (find dashgo_nav)/config/base_global_planner_params. yaml" command=
" load"/>
    <! --rosparam file=" $ (find dashgo_nav)/config/base_local_planner_params. yaml" command=
" load" /-->
    <rosparam file=" $ (find dashgo_nav)/config/teb_local_planner_params. yaml" command=" load"
/>
    <rosparam file=" $ (find dashgo_nav)/config/move_base_params. yaml" command=" load" />
  </node>
  <node pkg=" laser_filters" type=" scan_to_scan_filter_chain" output=" screen" name=" laser_filter">
    <rosparam command=" load" file=" $ (find dashgo_nav)/config/box_filter. yaml" />
  </node>
</launch>
```

(3)将深度摄像头数据添加到 costmap 中,在 dashgo_nav/config 的 costmap_common_params. yaml 配置文件中添加如下内容:

observation_sources:laser_scan_sensor sonar_scan_sensor camera_depth //动态层传感器数据源

⋮

camera_depth: //深度摄像头数据来源

data_type:PointCloud2 //深度摄像头数据类型

topic:/camera/depth/points #_filtered //深度摄像头数据主题

marking:Ture

clearing:True //允许清除数据

min_obstacle_height:0.41 //该数据在动态层的高度范围应为 0.51~1.0

max_obstacle_height:2.0

参 考 文 献

［1］胡春旭. ROS 机器人开发实践［M］. 北京:机械工业出版社,2018.

［2］WYATT S N. A systematic approach to learning robot programming with ROS［M］. Boca Raton:CRC Press,2018.

［3］MAHTANI A, FERNÁNDEZ E, MARTINEZ E, et al. Effective robotics programming with ROS［M］. Birmingham:Packt,2016.

［4］RUBIO F, VALERO F, LOPIS-ALBERT C. A review of mobile robots:concepts, methods, theoretical framework, and applications［J］. International Journal of Advanced Robotic Systems, 2019, 16(2):1-21.

［5］TZAFESTAS S G. Introduction to mobile robot control［M］. Amsterdam:Elsevier, 2014.

［6］SIEGWART R, NOURBAKHSH I R. Introduction to autonomous mobile robots［J］. Industrial Robot, 2004, 2(6):645-649.

［7］SEBASTIAN T, WOLFRAM B, DIETER F. Probabilistic robotics［M］. Cambridge:MIT Press, 2005.

［8］WIKIPEDIA S. Robot operating system (ROS)［M］. Berlin:Springer, 2016.

［9］LI Z, MEI X S. Navigation and control system of mobile robot based on ROS［C］// 2018 IEEE 3rd Advanced Information Technology, Electronic and Automation Control Conference (IAEAC). Chongqing:IEEE, 2018:368-372.

［10］GANIEV A, LEE K H. A study of autonomous navigation of a robot model based on SLAM, ROS, and Kinect［J］. International Journal of Engineering & Technology,2018, 7(3):28-32.